高职高专电气自动化专业规划教材

电力电子技术

第三版

郝万新　刘　彬　主　编

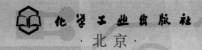

化学工业出版社

·北京·

本书主要内容包括电力电子器件、晶闸管相控整流主电路、晶闸管触发电路、晶闸管有源逆变电路、交流开关与交流调压电路、变频电路、电源变换技术等内容，内容叙述力求简明扼要，强调电力电子器件在相控整流技术、交流开关与调压技术、逆变技术和电源变换技术方面的典型应用，避开繁琐的公式推导，突出应用，对典型应用电路作详细叙述，增强学生分析问题和解决问题的能力。

　　本书可作为高职高专、成人高校、职工大学的自动化、电气、机电一体化及应用电子技术等电类专业的教材，也可供企业有关工程技术人员参考。

图书在版编目（CIP）数据

　　电力电子技术/郝万新，刘彬主编. —3 版. —北京：化学工业出版社，2017.8（2024.9重印）
　　高职高专电气自动化专业规划教材
　　ISBN　978-7-122-30033-1

　　Ⅰ.①电…　Ⅱ.①郝…　②刘…　Ⅲ.①电力电子技术-高等职业教育-教材　Ⅳ.①TM76

　　中国版本图书馆 CIP 数据核字（2017）第 150180 号

责任编辑：潘新文　　　　　　　　　　　　　装帧设计：张　辉
责任校对：王　静

出版发行：化学工业出版社（北京市东城区青年湖南街 13 号　邮政编码 100011）
印　　装：三河市双峰印刷装订有限公司
787mm×1092mm　1/16　印张 11¾　字数 289 千字　2024 年 9 月北京第 3 版第 5 次印刷

购书咨询：010-64518888　　　　　　　　售后服务：010-64518899
网　　址：http://www.cip.com.cn
凡购买本书，如有缺损质量问题，本社销售中心负责调换。

定　　价：38.00 元　　　　　　　　　　　　　　　　版权所有　违者必究

前　言

本书第二版自出版以来，得到了广大高职高专院校的广泛好评和欢迎，为了更好地适应当前高职高专教育教学改革，满足职业教育人才培养的特殊要求，编者根据多年教学和实践的经验，本着立足基础、浓缩精华、简化理论和侧重应用的原则，结合许多使用本教材院校的反馈意见和建议，在第二版的基础上进行了再次修订。本次修订进一步突出以能力培养为目标，突出知识点的实际应用，从应用的角度介绍典型电力电子线路的工作原理与实用技术，使得理论与实践联系更加紧密。本书主要特点如下。

① 全书包含大量的应用实例，引入了晶闸管模块、过零触发应用实例、双向晶闸管调压调速装置、多电平电压源型逆变器等内容。对关键知识点和技能点详细讲解，使得教材的内容与职业操作技能点衔接更加密切。

② 以典型案例应用为切入点，解决实践教学在不同地区和学校差异较大、教学规范性不强、内容繁杂、缺乏统一的标准的矛盾，将实训能力的培养与实际应用相统一。

③ 更正了原书中存在的疏漏和不当之处。

本书可作为高职高专院校以及中等职业学校的电气自动化、电力、机电一体化等专业的教材，也可作为相关工程技术人员的参考用书，或者作为自学读物。

本书由辽宁石油化工职业技术学院郝万新和刘彬任主编，马少丽和张秀芬任副主编，冯微、高文习、郭宇参加了编写。由于水平有限，书中难免有不足之处，恳请有关专家和广大读者批评指正。

编者

2017 年 4 月

目　　录

绪　　论

一、电力电子技术的概念

以电力为对象的电子技术称为电力电子技术（Power Electronics），它包括电力电子器件、变流电路和控制电路三个部分，是电力、电子、控制三大电气工程技术领域之间的交叉学科。电力电子技术能够实现对电流、电压、频率和相位等基本参数的精确控制和高效处理，是一项高新技术。当前，电力电子作为节能、节材、自动化、智能化、机电一体化的基础，正朝着应用技术高频化、硬件结构模块化、产品性能绿色化的方向发展。在不远的将来，电力电子技术将使电源技术更加成熟、经济、实用，为实现高效率和高品质用电打下基础。

二、电力电子技术的发展

现代电力电子技术的发展是以电力电子器件的发展为核心，是从以低频技术处理问题为主的传统电力电子技术，向以高频技术处理问题为主的现代电力电子技术方向转变。电力电子技术起始于 20 世纪 50 年代末 60 年代初的硅整流器件，其发展先后经历了整流器时代、逆变器时代和变频器时代，并促进了电力电子技术在许多新领域的应用。80 年代末期和 90 年代初期发展起来的、以功率 MOSFET 和 IGBT 为代表的、集高频、高压和大电流于一身的功率半导体复合器件，表明传统电力电子技术已经进入现代电力电子时代。

（一）电力电子器件

如图 0-1 所示为电力电子器件"树"，电力电子器件在应用中一般工作在开关状态，根据器件不同，开关特性可分为两大类：半控型器件和全控型器件。通过门极信号只能控制其导通而不能控制其关断的器件，称为半控型器件；通过门极信号既能控制其导通又能控制其关断的器件，称为全控型器件。图 0-1 中普通晶闸管及派生器件，如逆导晶闸管（RCT）、不对称晶闸管（ASCR）和双向晶闸管（TRIAC）为半控型器件。其余三端器件为全控型器件。

根据半导体器件内部电子和空穴两种载流子参与导电的情况，众多的电力电子器件可以分为单极型、双极型和混合型。凡由一种载流子参与导电的称为单极型器件，如图中功率

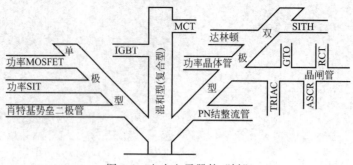

图 0-1　电力电子器件"树"

MOSFET、静电感应晶体管（SIT）；凡由电子和空穴两种载流子参与导电的称为双极型器件，如图中 PN 结整流管、普通晶闸管及其派生器件、功率晶体管和静电感应晶闸管（SITH）等；由单极型和双极型两种器件组成的复合器件称为混合型器件，如绝缘栅双极型晶体管（IGBT）和 MOS 门极晶闸管（MCT）。

根据控制极信号的不同性质，电力电子器件还被分成电流控制型和电压控制型两类器件。电流控制型器件是通过控制极注入或抽出电流的方式来实现对器件导通和关断的控制，如双极型器件基本上是电流控制型；而电压控制型器件是利用场控原理控制的电力电子器件，其导通和关断是由控制极上的电压信号控制的，控制电流极小，如单极型器件功率 MOSFET 和 SIT 为电压控制型。

（二）电力电子技术的发展

1.整流器时代

大功率的工业用电由工频（50Hz）交流发电机提供，但是大约 20％的电能是以直流形式消耗的，其中最典型的是电解（有色金属和化工原料需要直流电解）、牵引（电气机车、电传动的内燃机车、地铁机车、城市无轨电车等）和直流传动（轧钢、造纸等）三大领域。大功率硅整流器能够高效率地把工频交流电转变为直流电，因此在 20 世纪 60 年代和 70 年代，大功率硅整流管和晶闸管的开发与应用得以很大发展。

2.逆变器时代

20 世纪 70 年代出现了世界范围的能源危机，交流电机变频调速因节能效果显著而迅速发展。变频调速的关键技术是将直流电逆变为 0～100Hz 的交流电。在 70 年代到 80 年代，随着变频调速装置的普及，大功率逆变用的晶闸管、巨型功率晶体管（GTR）和门极可关断晶闸管（GTO）成为当时电力电子器件的主角。类似的应用还包括高压直流输电，静止式无功功率动态补偿等。这时的电力电子技术已经能够实现整流和逆变，但工作频率较低，仅局限在中低频范围内。

3.变频器时代

进入 20 世纪 80 年代，大规模和超大规模集成电路技术的迅猛发展，为现代电力电子技术的发展奠定了基础。将集成电路技术的精细加工技术和高压大电流技术有机结合，出现了一批全新的全控型功率器件，首先是功率 MOSFET 的问世，导致了中小功率电源向高频化发展，而绝缘门极双极晶体管（IGBT）的出现，又为大中型功率电源向高频发展带来机遇。MOSFET 和 IGBT 的相继问世，是传统的电力电子向现代电力电子转化的标志。新型器件的发展不仅为交流电机变频调速提供了较高的频率，使其性能更加完善可靠，而且使现代电子技术不断向高频化发展，为用电设备的高效节材、节能，实现小型轻量化，机电一体化和智能化提供了重要的技术基础。

三、现代电力电子的应用领域

1.开关电源技术

高速发展的计算机技术带领人类进入了信息社会，同时也促进了电源技术的迅速发展。20世纪80年代，计算机全面采用了开关电源，率先完成计算机电源换代。接着开关电源技术相继进入了电子、电气设备领域，高频小型化的开关电源及其技术已成为现代通信供电系统的主流。在通信领域中，通常将整流器称为一次电源，而将直流-直流（DC/DC）变换器称为二次电源。一次电源的作用是将单相或三相交流电网变换成标称值为48V的直流电源。目前在程控交换机用的一次电源中，传统的相控式稳压电源已被高频开关电源取代，高频开关电源（也称为开关型整流器SMR）通过MOSFET或IGBT的高频工作，开关频率一般控制在50～100kHz范围内，实现高效率和小型化。近几年，开关整流器的功率容量不断扩大，单机容量已从48V/12.5A、48V/20A扩大到48V/200A、48V/400A。

2.直流-直流（DC/DC）变换器

DC/DC变换器将一个固定的直流电压变换为可变的直流电压，这种技术被广泛应用于无轨电车、地铁列车、电动车的无级变速和控制，同时使上述控制获得加速平稳、快速响应的性能，并同时收到节约电能的效果。用直流斩波器代替变阻器可节约电能20%～30%。直流斩波器不仅能起调压的作用（开关电源），同时还能起到有效地抑制电网侧谐波电流噪声的作用。

3.不间断电源（UPS）

不间断电源（UPS）是计算机、通信系统以及要求提供不能中断场合所必需的一种高可靠、高性能的电源。交流市电输入经整流器变成直流，一部分能量给蓄电池组充电，另一部分能量经逆变器变成交流，经转换开关送到负载。为了在逆变器故障时仍能向负载提供能量，另一路备用电源通过电源转换开关来实现。

现代UPS普遍采用了脉宽调制技术和功率MOSFET、IGBT等现代电力电子器件，电源的噪声得以降低，而效率和可靠性得以提高。微处理器软、硬件技术的引入，可以实现对UPS的智能化管理，进行远程维护和远程诊断。

目前在线式UPS的最大容量已可做到600kV·A。超小型UPS发展也很迅速，已经有0.5kV·A、1kV·A、2kV·A、3kV·A等多种规格的产品。

4.变频器电源

变频器电源主要用于交流电机的变频调速，其在电气传动系统中占据的地位日趋重要，已获得巨大的节能效果。变频器电源主电路均采用交流-直流-交流方案。工频电源通过整流器变成固定的直流电压，然后由大功率晶体管或IGBT组成的PWM高频变换器，将直流电压逆变成电压、频率可变的交流输出，电源输出波形近似于正弦波，用于驱动交流异步电动机实现无级调速。

国际上400kV·A以下的变频器电源系列产品已经问世。20世纪80年代初期，日本东芝公司最先将交流变频调速技术应用于空调器中。至1997年，其占有率已达到日本家用空调的70%以上。变频空调具有舒适、节能等优点。中国于90年代初期开始研究变频空调，1996年引进生产线生产变频空调器，逐渐形成变频空调开发生产热点。变频空调除了变频电源外，还要求有适合于变频调速的压缩机电机。优化控制策略、精选功能组件是空调变频电源研制的进一步发展方向。

5.高频逆变式整流焊机电源

高频逆变式整流焊机电源是一种高性能、高效、省材的新型焊机电源，代表了当今焊机电源的发展方向。由于 IGBT 大容量模块的商用化，这种电源更有着广阔的应用前景。

逆变焊机电源大都采用交流-直流-交流-直流（AC-DC-AC-DC）变换的方法。50Hz 交流电经全桥整流变成直流，IGBT 组成的 PWM 高频变换部分将直流电逆变成 20kHz 的高频矩形波，经高频变压器耦合，整流滤波后成为稳定的直流，用于焊接。

6.大功率开关型高压直流电源

大功率开关型高压直流电源广泛应用于静电除尘、水质改良、医用 X 光机和 CT 机等大型设备。电压高达 50～159kV，电流达到 0.5A 以上，功率可达 100kW。

自从 20 世纪 70 年代开始，日本的一些公司开始采用逆变技术，将市电整流后逆变为 3kHz 左右的中频，然后升压。进入 80 年代，高频开关电源技术迅速发展。德国西门子公司采用功率晶体管做主开关元件，将电源的开关频率提高到 20kHz 以上。并将干式变压器技术成功地应用于高频高压电源，取消了高压变压器油箱，使变压器系统的体积进一步减小。

国内对静电除尘高压直流电源进行了研制，市电经整流变为直流，采用全桥零电流开关串联谐振逆变电路将直流电压逆变为高频电压，然后由高频变压器升压，最后整流为直流高压。在电阻负载条件下，输出直流电压达到 55kV，电流达到 15mA，工作频率为 25.6kHz。

7.电力有源滤波器

传统的交流-直流（AC-DC）变换器在投运时，将向电网注入大量的谐波电流，引起谐波损耗和干扰，同时还出现装置网侧功率因数恶化的现象，即所谓"电力公害"，例如，不可控整流加电容滤波时，网侧三次谐波含量可达 70%～80%，网侧功率因数仅有 0.5～0.6。

电力有源滤波器是一种能够动态抑制谐波的新型电力电子装置，能克服传统 LC 滤波器的不足，是一种很有发展前途的谐波抑制手段。滤波器由桥式开关功率变换器和具体控制电路构成。

第一章 电力电子器件

电力电子器件是电力电子技术的核心，是电力电子技术的物质基础和关键。电力电子器件根据其开关特性的不同可分为两大类型：半控型器件和全控型器件。通过门极信号只能控制其导通而不能控制其关断的器件称为半控型器件，如普通晶闸管、双向晶闸管等；通过门极信号既能控制其导通又能控制其关断的器件，称为全控型器件，如 GTR、GTO、功率 MOSFET 及 IGBT 等。根据其控制极（包括门极、栅极或基极）信号的性质不同，电力电子器件还可分成电流控制型和电压控制型两种类型。电流控制型器件一般通过从控制极注入或抽出控制电流的方式来实现对导通或关断的控制，如晶闸管、GTR、GTO 等；而电压控制型器件是指利用场控原理控制的电力电子器件，其导通或关断是由控制极上的电压信号控制的，控制极电流极小，如功率 MOSFET、IGBT 等。近几年来，又推出了 IGBT 智能功率模块（IPM），在小容量的变频器得到应用。本章着重介绍晶闸管、双向晶闸管、GTR、GTO、功率 MOSFET 及 IGBT 等器件的工作原理、驱动电路与保护。

第一节 晶 闸 管

晶闸管（Thyristor）全称晶体闸流管，是一种大功率半导体器件，自从 1957 年问世以来，晶闸管器件的制造和应用技术迅猛发展，除器件的性能与电压、电流容量不断提高外，还派生出快速晶闸管、可关断晶闸管、逆导晶闸管、光控晶闸管、双向晶闸管等，形成了晶闸管系列。目前晶闸管已在各个领域得到了广泛的应用，其应用按工作原理大致可分为四类。

① 整流　将交流电转变为大小可调的直流电。

② 逆变　将直流电变换为交流电或将交流电转换为另一种频率的交流电。

③ 直流开关　用于直流回路开关或直流调压。

④ 交流开关　用于交流回路开关或交流调压。

本节主要介绍普通晶闸管、双向晶闸管。

一、普通晶闸管

（一）普通晶闸管的结构和工作原理

普通晶闸管简称晶闸管。如图 1-1 所示为普通晶闸管的内部结构和图形符号。普通晶闸管是一种功率四层半导体（$P_1 N_1 P_2 N_2$）器件，由三个 PN 结 J_1、J_2、J_3 组成。有三个电极为：阳极（A）、阴极（K）、门极（G）。从外部结构上看有塑封式、螺栓式、平板式，目前有的厂家将多个晶闸管做在一个模块内形成了模块式结构。对于大功率晶闸管使用时必须安装散热器，其冷却方式有自冷、风冷、水冷等形式。

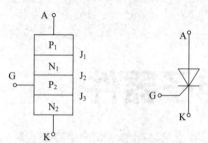

图 1-1　普通晶闸管的内部
结构与图形符号

晶闸管与二极管一样具有单向导电特性，电流只能从阳极流向阴极，与二极管不同的是晶闸管具有正向阻断特性，即晶闸管阳极与阴极之间加上正向电压，管子不能正常导通，必须在门极和阴极间加上门极电压，有足够的门极电流流入后才能使晶闸管正向导通。因此晶闸管具有可控单向导电特性，是一种以电流控制导通的电流控制型功率器件。

晶闸管承受正向电压的同时门极流入足够的电流 I_g 使其导通的过程称为触发导通，管子一旦被触发导通后门极就失去了控制作用，无法通过门极的控制使晶闸管关断，这种门极可触发导通但无法使其关断的器件称为半控型器件。

要使导通的晶闸管恢复为阻断状态，可降低阳极的电源电压或增加阳极回路的电阻，使流过管子的阳极电流 I_a 减小，当阳极电流 I_a 减小到一定数值（一般为几十毫安）时，阳极电流 I_a 会突然降为零，之后即使再调高阳极电压或减小阳极回路的电阻，阳极电流 I_a 也不会增加，说明管子已恢复正向阻断。当门极断开时，能维持晶闸管导通所需的最小阳极电流称为维持电流 I_H，因此晶闸管关断的条件为：$I_a < I_H$。

晶闸管的这种工作特性可用如图 1-2 所示等效电路来分析。将晶闸管的四层半导体等效为两个晶体管 VT_1（P_1-N_1-P_2）与 VT_2（N_1-P_2-N_2）互接。当外接电源电压通过负载电阻使晶闸管阳极、阴极间承受正向电压时，要使晶闸管正向导通关键在于使 J_2（N_1-P_2）这个承受反向电压的 PN 结失去阻挡作用，从图中可以看出 VT_1、VT_2 每个晶体管的集电极电流，同时为另一个晶体管的基极电流。当有足够的门极电流流入时就形成强烈的正反馈，即

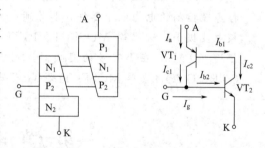

图 1-2　晶闸管等效电路

$$I_g \rightarrow I_{b2} \uparrow \rightarrow I_{c2}(=I_{b1}) \uparrow \rightarrow I_{c1} \uparrow \rightarrow I_a \uparrow \uparrow$$

这样使两个晶体管饱和导通。导通后使阳极电流 I_a 与 I_g 无关，此时 I_a 值由阳极外接电源电压和负载电阻决定。很明显，晶闸管导通后 I_g 就失去了控制作用，正向阻断时如果没有 I_g 的作用也就无法形成强烈的正反馈；如果阳极、阴极间承受反向电压，此时两个晶体管处于反向电压下，无论有无门极电流，晶闸管不可能正常导通工作。所以，晶闸管导

通必须同时具备以下两个基本条件：

① 在阳极和阴极之间加上一定大小的正向电压 U_{AK}；

② 在门极和阴极间加上一定的正向触发电压 U_{GK}。

欲使晶闸管关断，需使阳极电流小于维持电流或阳极、阴极间加反向电压。

（二）晶闸管的阳极伏安特性与主要参数

1.晶闸管阳极伏安特性（V-A Characteristic）

晶闸管的阳极伏安特性是指阳极与阴极之间电压和阳极电流的关系，如图 1-3 所示。

正向伏安特性曲线如图 1-3 第 I 象限所示，当 $I_g＝0$ 且晶闸管正向阳极电压未增加到正向转折电压 U_{BO} 时，晶闸管处于正向阻断状态，其正向漏电流随阳极电压 u_a 增加而逐渐增大，当 u_a 增加到转折电压 U_{BO} 时，晶闸管就被"硬导通"，导通后元件的阳极伏安特性与整流二极管的正向伏安特性相似。$I_g＝0$ 时的这条特性曲线称为晶闸管的自然伏安特性曲线。很明显，晶闸管在自然特性下的硬导通是不可控的，

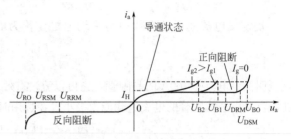

图 1-3 晶闸管的阳极伏安特性

U_{RO}—反向击穿电压；U_{RSM}—断态反向不重复值电压；

U_{RRM}—断态反向重复峰值电压；U_{BO}—正向转折电压；

U_{DSM}—断态正向不重复峰值电压；

U_{DRM}—断态正向重复峰值电压

多次这样的硬导通会损坏管子。正常的导通是给门极输入足够的触发电流，则转折电压将明显地减小，使管子触发导通，如图 1-3 中当门极电流 $I_{g2}＞I_{g1}＞I_g$，则相应的正向转折电压 $U_{B2}＜U_{B1}＜U_{BO}$。同样晶闸管被触发导通后其阳极伏安特性与整流二极管的正向伏安特性相似。

反向伏安特性曲线如图 1-3 第 III 象限所示，它与整流二极管的反向伏安特性相似。若反向电压增加到反向击穿电压 U_{RO} 时，晶闸管将永久性损坏。因此使用晶闸管时其两端可能承受的最大峰值电压都必须小于管子的正、反方向的击穿电压。

2.晶闸管的主要参数

（1）额定电压 U_{Tn} 如图 1-3 晶闸管阳极伏安特性曲线所示，当 $I_g＝0$、晶闸管处于额定结温时，使阳极漏电流显著增加的阳极电压 U_{DSM} 称为正向不重复峰值电压，同理 U_{RSM} 为反向不重复峰值电压。这两个数值分别乘以 0.9 所得的数值定义为正向重复峰值电压 U_{DRM} 和反向重复峰值电压 U_{RRM}。晶闸管的额定电压 U_{Tn} 即为 U_{DRM} 与 U_{RRM} 中较小值在靠近标准电压等级所对应的电压值。

考虑晶闸管工作中结温可能会升高等各种因素，防止各种不可避免的瞬时过电压而造成晶闸管损坏，选择管子的额定电压时，应比管子在电路中实际承受的最大瞬时电压 U_{TM} 大 2～3 倍，即

$$U_{Tn}≥(2～3)U_{TM}$$

（2）额定电流 $I_{T(AV)}$ 也称为额定通态平均电流是指在室温 40℃ 和规定的冷却条件下，晶闸管在电阻负载流过正弦半波电流（导通角不小于 170°）电路中，结温不超过规定结温时，所允许的最大通态平均电流值，将此值取相近电流等级，即为晶闸管的额定电流 $I_{T(AV)}$。

实际应用中限制晶闸管最大电流的是晶闸管的工作温度，而晶闸管工作时的温度主要由流过电流的有效值决定。因此需将厂家提供的额定电流 $I_{T(AV)}$ 换算成额定有效电流 I_{Tn}，在实际使用时不论流过管子电流波形如何、导通角多大，只要最大电流有效值 $I_{TM}≤I_{Tn}$，

散热冷却符合规定，则晶闸管的发热与温升就不会超过允许范围。

根据晶闸管额定电流 $I_{T(AV)}$ 的定义，设流过管子的正弦半波电流的峰值为 I_m，依据电流平均值、有效值的定义有

$$I_{T(AV)} = \frac{1}{2\pi}\int_0^\pi I_m \sin\omega t\, d(\omega t) = \frac{I_m}{\pi}$$

$$I_{Tn} = \sqrt{\frac{1}{2\pi}\int_0^\pi (I_m \sin\omega t)^2 d(\omega t)} = \frac{I_m}{2}$$

现定义电流波形的有效值与平均值之比称为电流波形系数。则管子的电流波形系数为

$$K_f = \frac{I_{Tn}}{I_{T(AV)}} = \frac{\pi}{2} = 1.57$$

这说明额定电流为 100A 的晶闸管，它可以流过有效值为 $K_f I_{T(AV)} = 1.57 \times 100 = 157A$ 的正弦半波电流。由于晶闸管的电流过载能力极小，在选用时至少要考虑 1.5～2 倍的电流裕量。即

$$1.57 I_{T(AV)} = I_{Tn} \geqslant (1.5 \sim 2) I_{TM}$$

所以

$$I_{T(AV)} = (1.5 \sim 2)\frac{I_{TM}}{1.57}$$

式中　I_{TM}——流过晶闸管的电流最大有效值。

要注意不同的电流波形其波形系数不同，同样额定电流为 100A 的晶闸管，只有在正弦半波其波形系数 $K_f = 1.57$ 时，允许流过的最大平均电流为 100A，其他波形时都不是 100A。如表 1-1 所示，额定电流为 100A 的晶闸管在四种不同电流波形时，管子允许的电流平均值不同。

表 1-1　四种波形的 K_f 值与 100A 晶闸管允许的电流平均值

波　形	平均值 I_d 与有效值 I	波形系数 $K_f = I/I_d$	允许电流平均值 $I_{dn} = I_{Tn}/K_f$
	$I_d = \dfrac{1}{2\pi}\int_0^\pi I_m \sin\omega t\, d(\omega t) = \dfrac{I_m}{\pi}$ $I = \sqrt{\dfrac{1}{2\pi}\int_0^\pi (I_m \sin\omega t)^2 d(\omega t)} = \dfrac{I_m}{2\pi}$	1.57	$I_{dn} = \dfrac{100A \times 1.57}{1.57} = 100A$
	$I_d = \dfrac{1}{2\pi}\int_{\pi/2}^\pi I_m \sin\omega t\, d(\omega t) = \dfrac{I_m}{2\pi}$ $I = \sqrt{\dfrac{1}{2\pi}\int_{\pi/2}^\pi (I_m \sin\omega t)^2 d(\omega t)} = \dfrac{I_m}{2\sqrt{2}}$	2.22	$I_{dn} = \dfrac{100A \times 1.57}{2.22} = 70.7A$
	$I_d = \dfrac{1}{\pi}\int_0^\pi I_m \sin\omega t\, d(\omega t) = \dfrac{2}{\pi}I_m$ $I = \sqrt{\dfrac{1}{\pi}\int_0^\pi (I_m \sin\omega t)^2 d(\omega t)} = \dfrac{I_m}{\sqrt{2}}$	1.11	$I_{dn} = \dfrac{100A \times 1.57}{1.11} = 141.4A$
	$I_d = \dfrac{1}{2\pi}\int_0^{2/3\pi} I_m\, d(\omega t) = \dfrac{I_m}{3}$ $I = \sqrt{\dfrac{1}{2\pi}\int_0^{2/3\pi} I_m^2\, d(\omega t)} = \dfrac{I_m}{\sqrt{3}}$	1.73	$I_{dn} = \dfrac{100A \times 1.57}{1.73} = 90.7A$

（3）通态平均电压 $U_{T(AV)}$　在规定的环境温度和标准散热条件下，当晶闸管正向通过正弦半波额定电流时，元件阳极、阴极两端的电压降在一个周期内的平均值，称为通态平均电压 $U_{T(AV)}$ 又称管压降，一般在 0.6～1.2V 范围内。

（4）维持电流 I_H（Holding Current） 在室温且门极断开时，晶闸管由通态到断态的最小阳极电流称为维持电流 I_H。

（5）门极最大触发电压 U_{GT}（Gate Trigger Voltage） 和门极最大触发电流 I_{GT}（Gate Trigger Current） 在规定的环境温度下，阳极和阴极加上一定的正向电压（一般为 6V），使晶闸管从阻断状态转为导通状态，门极所需要的最大直流触发电压称为门极最大触发电压 U_{GT}，此时对应的门极所需要的最大直流触发电流称为门极最大触发电流 I_{GT}。

3. 国产晶闸管的型号

按国家有关部门的规定，晶闸管的型号及其含义如下：

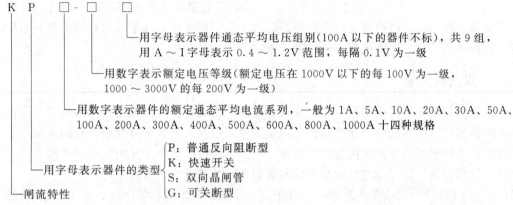

如 KP100-12G 表示额定电流为 100A，额定电压为 1200V，通态平均压降为 1V 的普通晶闸管。如表 1-2 所示为晶闸管的型号与参数。

表 1-2 晶闸管的型号与参数

参数 型号	通态平均电流 $I_{T(AV)}$ /A	断态重复峰值电压、反向重复峰值电压 U_{DRM}, U_{RRM} /V	断态不重复平均电流、反向不重复平均电流 $I_{DS(AV)}$, $I_{RS(AV)}$ /mA	额定结温 T_{IM} /℃	门极触发电流 I_{GT} /mA	门极触发电压 U_{GT} /V	断态电压临界上升率 du/dt /(V/μs)	通态电流临界上升率 di/dt /(A/μs)	浪涌电流 I_{TSM} /A
KP1	1	100～3000	≤1	100	3～30	≤2.5			20
KP5	5	100～3000	≤1	100	5～70	≤3.5			90
KP10	10	100～3000	≤1	100	5～100	≤3.5			190
KP20	20	100～3000	≤1	100	5～100	≤3.5			380
KP30	30	100～3000	≤2	100	8～150	≤3.5			560
KP50	50	100～3000	≤2	100	8～150	≤3.5			940
KP100	100	100～3000	≤4	115	10～250	≤4	25～1000	25～500	1880
KP200	200	100～3000	≤4	115	10～250	≤4			3770
KP300	300	100～3000	≤8	115	20～300	≤5			5650
KP400	400	100～3000	≤8	115	20～300	≤5			7540
KP500	500	100～3000	≤8	115	20～300	≤5			9420
KP600	600	100～3000	≤9	115	30～350	≤5			11160
KP800	800	100～3000	≤9	115	30～350	≤5			14920
KP1000	1000	100～3000	≤10	115	40～400	≤5			18600

（三）晶闸管的简易测试

① 测试时注意不要使用万用表的 $R \times 10\text{k}\Omega$ 挡去测量。

② 用 $R \times 1\text{k}\Omega$ 电阻挡，测晶闸管的阳极与阴极、阳极与控制极间的正反电阻，若阻值在数百千欧姆以上（表指针只动一点点），说明阳极与阴极，阳极与控制极间是好的，如果阻值不大或为 0，说明元件性能不好或内部短路。一般正向电阻约为 $500\text{k}\Omega$，反向电阻大于 $500\text{k}\Omega$。

③ 用 $R \times 1\Omega$ 挡，检测阴极与控制极间的电阻，正反向电阻在数十欧姆时，说明正常。若阻值为 0 或无穷大，说明阴极与控制极已经短路或断路。一般正向电阻为数十欧姆到十几千欧姆，反向电阻略大于正向电阻，则认为控制极是好的。

④ 用 $R \times 1\text{k}\Omega$ 挡，黑表笔接晶闸管的阳极，红表笔接晶闸管的阴极，表的指示值应为几百千欧姆，此时人为将控制极与阳极短路，表指示值应变小，且阳极与控制极之间短路消除后，表指示值不变，说明控制极的控制正常。

二、双向晶闸管

一般晶闸管只能正向控制时导通，反向时阻断，因此，在交流电路控制中必须采用两个反并联的晶闸管、两套散热器及两套彼此绝缘的触发电路，装置十分复杂。双向晶闸管正是为了解决这个问题而出现的晶闸管派生器件。双向晶闸管主要用于交流电路的控制。

（1）移相控制　通过改变双向晶闸管的导通角，从而改变负载的平均功率。

（2）零电压开关　用改变设定周期内通断比的方法来调节输出功率的大小，所以又称调功器。

（3）静态开关　比起机械开关来不存在触点跳动、不存在关断时的电弧或瞬态电压等。

（一）双向晶闸管的基本结构与伏安特性

双向晶闸管的基本结构与图形符号如图 1-4 所示，它具有 NPNPN 五层半导体结构。有四个 PN 结，它有三个电极：第一阳极 T_1、第二阳极 T_2 和门极 G。它可看作是由两只普通晶闸管 KP_1（$N_3P_1N_1P_2$）和 KP_2（$N_2P_2N_1P_1$）反向并联而成。

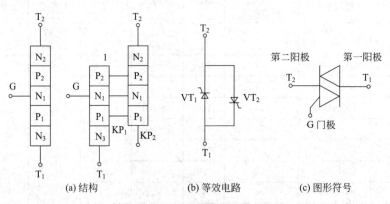

图 1-4　双向晶闸管的结构与符号

如图 1-5 所示。图中 u 为两个阳极 T_1、T_2 之间的电压，i 为流过 T_1 与 T_2 的电流。该门极具有短路发射极结构，使两个阳极的正、反两个方向均可用交流或直流触发导通。所以双向晶闸管在第 I 和 III 象限有对称的伏安特性。

门极加入触发电压后，当阳极 T_1 对 T_2 的电压为正值时，电流自 T_1 流入，经过 KP_1（$N_3P_1N_1P_2$）（即 VT_1），从 T_2 流出。当阳极 T_1 对 T_2 的电压为负值时，电流自 T_2 流入，经过 KP_2（$N_2P_2N_1P_1$）（即 VT_2），从 T_1 流出。当电流减小到零时，双向晶闸管自然关断。

（二）触发方式与参数选择

双向晶闸管正反两个方向都能导通，门极加正负信号都能触发，因此有四种触发方式。

（1）Ⅰ₊触发方式　阳极电压为第一阳极 T_1 为正，第二阳极 T_2 为负；门极电压 G 为正，T_2 为负，特性曲线在第Ⅰ象限，为正触发。

（2）Ⅰ₋触发方式　阳极电压为第一阳极 T_1 为正，第二阳极 T_2 为负；门极电压 G 为负，T_2 为正，特性曲线在第Ⅰ象限，为负触发。

（3）Ⅲ₊触发方式　阳极电压为第一阳极 T_1 为负，第二阳极 T_2 为正；门极电压 G 为正，T_2 为负，特性曲线在第Ⅲ象限，为正触发。

（4）Ⅲ₋触发方式　阳极电压为第一阳极 T_1

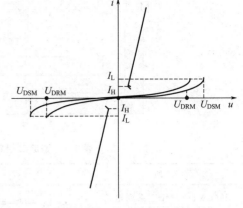

图 1-5　双向晶闸管的伏安特性

为负，第二阳极 T_2 为正；门极电压 G 为负，T_2 为正，特性曲线在第Ⅲ象限，为负触发。

以上四种触发方式Ⅲ₊触发方式的灵敏度最低，尽量不用。应用中为了保证正负电流波形对称性，防止出现直流分量，通常采用强触发，即实际触发电流的幅值应满足 $I_g > (2 \sim 4)I_{GT}$（门极触发电流）。

为保证双向晶闸管在交流电路的可靠运行，应合理选择双向晶闸管的额定电流、额定电压及进行必要的保护。

（1）双向晶闸管的额定电流 $I_{T(RMS)}$ 的选择　双向晶闸管通常用在交流电路中，因而不用平均值而用其允许流过的最大交流有效值表示其额定电流 $I_{T(RMS)}$。例如，交流总电流有效值 $I = 200A$ 的双向晶闸管，其峰值电流则为 $\sqrt{2} \times 200A = 280A$。而一个峰值为 280A 的普通晶闸管，其正向平均电流

$$I_{T(AV)} = \frac{\sqrt{2}\,I}{\pi} = 0.45I = 0.45 \times 200 = 90A$$

所以一个 200A（有效值）的双向晶闸管可代替两个 90A（平均值）的普通晶闸管。当负载为交流电机时，要考虑启动或反接电流峰值来选取元件的额定电流 $I_{T(RMS)}$。

（2）额定电压 U_{Tn} 的选择　电压裕量通常取 2～3 倍，380V 线路用的交流开关，一般选用 1000～1200V 的双向晶闸管。

（3）为了防止双向晶闸管换向时失控，需在元件两端并接 RC 阻容，常取 $R = 50 \sim 100\Omega$，$C = 0.1 \sim 0.47\mu F$。

（4）无论是普通晶闸管还是双向晶闸管，使用中晶闸管主电极（A-K 或 T_2-T_1）间的导通压降都不应超过 2V，且负载功率超过 250W 时就应安装上散热片（以每 100W 输出功率为 50mm² 计）。

三、晶闸管模块

自从模块基本原理引入电力电子技术后，目前 300A 以下的晶闸管大者采用各种内部电连接的模块形式。模块与同容量分立器件相比，具有体积小、重量轻、结构紧凑、接线方便等特点。模块主电路与底板间有 2500V（有效值）以上的绝缘电压，可以把多个模块安装在同一接地的散热器或装置外壳上，使电力电子装置连线简化、可靠性高。典型的臂对晶闸管模块的电连接和结构如表 1-3 所示，按标准生产的晶闸管模块型号说明如下。

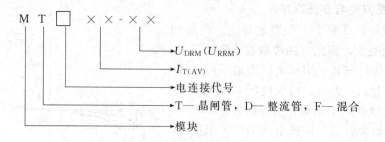

$U_{DRM}(U_{RRM})$
$I_{T(AV)}$
电连接代号
T— 晶闸管，D— 整流管，F— 混合
模块

表 1-3　整流二极管和晶闸管模块电连接形式

系　　列	电连接形式	电压、电流参数范围
MDC、MDA、MDK 系列电流整流模块	MDC　　　MDA　　　MDK	$I_{T(AV)}$：25～80A U_{RRM}：50～2000V
MDQ 系列电力整流模块	VD_1　VD_3 VD_2　VD_4 MDQ	直流输出电流 I_o：5～160A U_{RRM}：50～1600V
MDS 系列电力整流模块	VD_1　VD_3　VD_5 VD_4　VD_6　VD_2 MDS	直流输出电流 I_o：5～160A U_{RRM}：50～1600V
MDG、MDY 三相整流板桥	MDG　　　　MDY	$I_{T(AV)}$：25～70A U_{RRM}：400～1600V
MT、MF 系列臂对晶闸管模块	MTC　　　MTA　　　MTK MTX　　MFC(DT)　　MFC(TD) MFK　　　MFA　　　MFX	$I_{T(AV)}$：25～800A U_{RRM}：400～2400V
MTQ(MFQ)系列晶闸管单相模块	G_1　G_3 G_2　G_4 MTQ　　　　　MFQ_1 G_1　G_2 MFQ_2　　　　MFQ_3 G_1　G_2	直流输出电流 I_o：25～200A U_{RRM}：200～1600V

续表

系　列	电连接形式	电压、电流参数范围
MTS(MFS)系列晶闸管三相桥模块	MTS　　MFS$_1$　　MFS$_2$	直流输出电流 I_o: 25～200A U_{RRM}: 200～1600V
MTG 系列三相全控半桥模块	MTG	$I_{T(AV)}$: 40～90A U_{RRM}: 400～1600V
MTD、MSD 系列三相交流开关	MTD　　MSD	$I_{T(AV)}$: 25～75A U_{RRM}: 400～1600V

　　普通晶闸管和双向晶闸管目前均有智能模块产品，广泛应用于交、直流电机软启动及调速、工业电气自动化、固体开关、工业、通讯、军工等各类电源（调温、调光、励磁、电镀、稳压等）。

　　晶闸管智能模块将晶闸管主电路及控制、保护电路做在同一个模块内，且有较高的电气隔离度，使其产品质量可靠、安全方便。直流控制信号可对主电路输出电压进行平滑调节。晶闸管智能模块使用时可以方便地与计算机、仪表接口。

　　晶闸管智能模块的结构一般有以下几种。

　　① 三相智能整流模块内部结构如图 1-6 所示。三相智能整流模块主电路采用三相全控桥式整流电路与移相控制电路做在同一个模块内，应用中只需外接三相交流输入电源与控制电路即可。

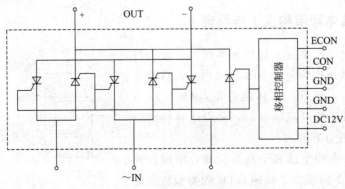

图 1-6　三相智能整流模块

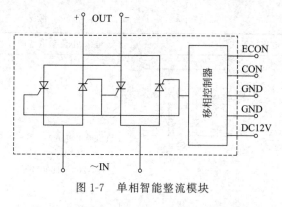

图 1-7　单相智能整流模块

② 单相智能整流模块内部结构如图 1-7 所示。单相智能整流模块采用桥式可控整流结构，使其应用简单化。

③ 三相智能交流模块内部结构如图 1-8 所示。三相智能交流模块主电路采用双向晶闸管或采用两个普通晶闸管反向并联的形式，其移相控制电路与整流模块的移相控制电路基本相同，使其应用更加方便。

④ 单相智能交流模块内部结构如图 1-9 所示。

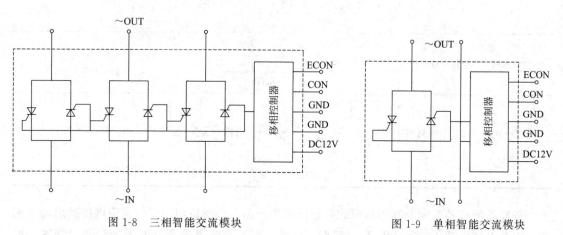

图 1-8　三相智能交流模块

图 1-9　单相智能交流模块

第二节　电力晶体管

电力晶体管也称巨型晶体管（Giant Transistor，简称 GTR），欧美国家习惯于用 BJT（Bipolar Junction Transistor）来代表电力晶体管。这是一种双极型大功率高反压晶体管。它具有自关断能力，并有开关时间短、饱和压降低和安全工作区宽等特点。近几年来，由于 GTR 实现了高频化、模块化、廉价化，因此被广泛用于交流电机调速、不停电电源和中频电源等电力变流装置中。

一、电力晶体管结构及工作原理

电力晶体管 GTR 是由三层半导体材料形成的两个 PN 结组成。其结构和符号如图 1-10 所示。目前常用的 GTR 器件有：单管、达林顿管和 GTR 模块三个系列。单管 GTR 的电流增益低，采用达林顿结构是提高电流增益的有效方式。

达林顿 GTR 由两个或多个晶体管复合组成，其等效电路如图 1-11 所示。达林顿 GTR 的类型是由复合管中的驱动管决定的。图 1-11 中 VT_1 为驱动管，

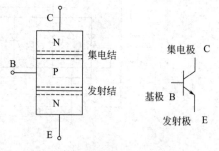

图 1-10　GTR 结构示意图及符号

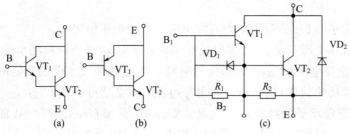

图 1-11　达林顿 GTR

VT_2 为输出管，故图（a）、图（c）属 NPN 型，图（b）属 PNP 型。

　　GTR 模块的内部结构既有单管型，也有达林顿复合型。为了使用上的方便，使装置的集成度更高、体积更小，GTR 模块有一单元结构、二单元结构、四单元结构和六单元结构。简化的 GTR 模块的内部结构如图 1-12 所示。所谓一单元结构是在一个模块内有一个单管 GTR 或达林顿 GTR 和一个续流二极管反向并联，如图 1-12(a) 所示；二单元结构又称为半桥结构，是由两个一单元结构 GTR 串联做在一个模块内，形成一个桥臂，如图 1-12(b) 所示；四单元结构又称全桥结构，是由两个二单元结构并联组成，可以构成单相桥式电路，如图 1-12(c) 所示；六单元结构又称为三相桥式结构，是由三个二单元结构并联而成，构成三相桥式电路，如图 1-12(d) 所示。

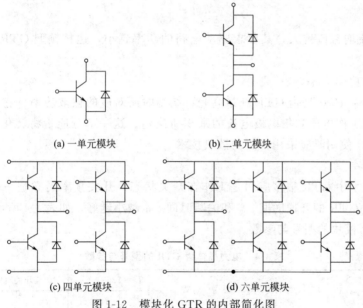

(a) 一单元模块　　　　　　　　(b) 二单元模块

(c) 四单元模块　　　　　　　　(d) 六单元模块

图 1-12　模块化 GTR 的内部简化图

　　在电力电子技术中，电力晶体管（GTR）是电流控制型器件，常用的是 NPN 型，主要工作于开关状态，常用开通、导通、关断、阻断四个名词术语表示其不同的工作状态。当基极电流 $I_B > 0$ 时，发射结正偏，GTR 处于大电流导通状态；当基极电流 $I_B < 0$ 时，发射结反偏，GTR 处于截止状态，又称阻断状态。导通和阻断是表示 GTR 接通和断开的两种稳定工作情况；开通和关断则表示 GTR 由断到通、由通到断的动态工作过程。

二、GTR 的主要参数与安全工作区

（一）GTR 的主要参数

有关 GTR 的参数很多，从应用的角度出发介绍几种主要参数。

1.电压参数

电压参数体现了 GTR 的耐压能力，常用以下几个电压值表示。

（1）集基极击穿电压 U_{CBO}　为发射极开路条件下，集-基极间所能承受的峰值电压值。

（2）集-射极击穿电压 U_{CEO}　为基极开路时，集-射极所能承受的峰值电压值。

以上两个参数反映的是 GTR 的一次击穿电压。除此之外，用 $U_{CEO(SUS)}$ 表示当基-射极开路时，集-射极所能承受的持续电压，通常 $U_{CEO(SUS)} \leqslant U_{CEO}$。在产品目录中 U_{CEO} 作为电压的额定值给出，但实际应用时的最高工作电压 U_M 应低于 U_{CEO}。一般取

$$U_M = (1/3 \sim 1/2)U_{CEO}$$

如用于 380V 交流电网时，大多数使用 1200V 电压等级的 GTR。

2.集电极电流额定值 I_{CM}

集电极电流额定值 I_{CM} 是指保证 GTR 结温不超过允许的最大结温和基极正向偏置时，GTR 集电极所允许连续通过的直流电流值。GTR 工作时，通常集电极电流 I_C 只用到 I_{CM} 的一半左右。U_{CEO} 与 I_{CM} 体现了 GTR 的容量

3.电流增益 h_{FE}

电流增益 h_{FE} 表示 GTR 的电流放大能力，为集电极电流和基极电流之比，即

$$h_{FE} = \frac{I_C}{I_B}$$

GTR 的电流增益值越大，其要求驱动电路的功率越小，达林顿型 GTR 的 h_{FE} 值的范围为 $50 \sim 20000$。

4.最大耗散功率 P_{CM}

最大耗散功率 P_{CM} 是指 GTR 在最高允许结温时所对应的耗散功率，它受结温的限制，其大小由集电结工作电压和集电极电流的乘积所决定。这一部分能量将转化为热能使 GTR 发热，因此 GTR 使用时应采用必要的散热技术。

5.开关频率

电力电子技术中 GTR 很多应用是工作在开关状态，开关频率同样是一个重要的参数。实际应用中希望 GTR 的开通时间 t_{on} 和关断时间 t_{off} 越小越好。如表 1-4 所示，列出部分单管 GTR 及 GTR 模块的型号与参数。

表 1-4　电力晶体管 GTR 的型号与参数

型　号	U_{CBO}/V	U_{CEO}/V	$U_{CEO(SUS)}$/V	P_{CM}/W	$T_j = 125℃$		开关时间（最大）/μs		
					h_{FE}	I_{CM}/A	t_{on}	t_s	t_{off}
2SC4383[①]	200	180	180	40	30	8	2.0	4.0	1.0
2SC3822[①]	450	400	400	30	10	5	1.0	2.0	0.5
2SC2625[①]	450	400	400	80	10	10	1.0	2.0	1.0
2SC4795[①]	500	400	400	120	20	30	1.0	2.5	0.5
2SD833[②]	80	80	80	60	2000	7	1.0	5.0	1.0
2SD1073[②]	300	250	250	60	1000	4	3	15	10
ET378[②]	100	100	100	80	1000	10	—	—	—
1DI200M-120[③]	1200	1200	1200	1400	1000	200	7	15	3
1DI300M-120[③]	1200	1200	1200	2000	1500	300	7	15	3
2DI50M-120[③]	1200	1200	1200	310	500	50	3.5	15	3

续表

型　号	U_{CBO}/V	U_{CEO}/V	$U_{CEO(SUS)}/V$	P_{CM}/W	$T_j=125℃$		开关时间(最大)/μs		
					h_{FE}	I_{CM}/A	t_{on}	t_s	t_{off}
2DI75M-120③	1200	1200	1200	500	750	75	3.5	15	3
2DI100M-120③	1200	1200	1200	800	1000	100	7	15	3
2DI150M-120③	1200	1200	1200	1000	1500	150	7	15	3
6D115M-120③	1200	1200	1200	150	150	15	3.5	15	3
6D130M-120③	1200	1200	1200	300	300	30	3.5	15	3
6D150M-120③	1200	1200	1200	310	500	50	3.5	15	3

① 单管 GTR；② 达林顿 GTR；③ GTR 模块。

（二）二次击穿与安全工作区

1.二次击穿

集-射极击穿电压 U_{CEO} 又称为一次击穿电压，当发生一次击穿时集电极电流急剧增加，如果有外接电阻限制电流增加时，一般不会引起 GTR 的特性变坏；如果不加限制，就会导致破坏性的二次击穿。所谓二次击穿是指器件发生一次击穿后，集电极电流继续增加，在某个电压、电流点产生向低阻抗区高速移动的负阻现象，在 ns 至 μs 的数量级内使器件内部出现明显的电流集中和过热点，轻者使 GTR 耐压降低、特性变差，重者使集电结和发射结熔断，则 GTR 永久性损坏。

2.安全工作区

安全工作区 SOA（Safe Operating Area）是指 GTR 能安全运行的电压、电流极限范围，如图 1-13 所示，它主要受四个参数限制。P_{SB} 为二次击穿功耗，此曲线由实验决定。为了用户能正确使用 GTR，生产厂家往往提供导通时的安全工作区

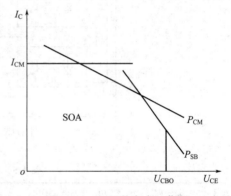

图 1-13　GTR 的安全工作区

（FBSOA）和关断时的安全工作区（RBSOA）。应该注意随管子结温的升高，安全工作区将明显缩小。

三、GTR 的驱动电路

（一）对 GTR 驱动电路的要求

GTR 的基极驱动信号对 GTR 的正常工作起着极其重要的作用，GTR 器件的特性随着基极驱动条件的变化而变化。为了减小开关损耗，可采用如图 1-14 所示的基极驱动电流波形。当控制 GTR 开通时，注入足够大的基极电流 I_{B1} 以减小它的开通时间 t_{on}，从而降低导通损耗。当 GTR 正常导通后，可以适当减小基极电流 I_{B1}，只要有足够的基极电流 I_{BC} 使它不至于退出饱和区而进入放大区，此时 GTR 最好是处于准饱和区，准饱和区的特点是：$U_{CE} \approx U_{BE}$，且从准饱和区开始关断十分有利，可以减小关断时间，从而减小开关损耗。基极关断电流 I_{B2} 数值增加，会减小关断时间，但也会使关断时的

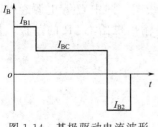

图 1-14　基极驱动电流波形

安全工作区 RBSOA 变窄，所以必须适当选择 I_{B2} 的大小。此时，可以利用基极回路接线的电感对起关断作用的反向基极电流 I_{B2} 的变化率加以限制，或外加电感加以限制电流的变化率。目前有了专用的 GTR 驱动模块，例如早期 THOMSON 公司的产品 UAA4002 及现在常用的 HL201A/HL202A 和 EXB356/EXB357/EXB359 等 EXB35N 系列驱动模块。

（二）GTR 驱动电路

1. HL201A/HL202A

（1）HL201A/HL202A 的特点与功能   HL201A 型 GTR 驱动电路适用于 75A 以内 GTR 的直接驱动，它采用厚膜工艺制造，具有可靠性高、受环境因素影响小、性能优良、价格便宜等优点。HL202A 除具有 HL201A 的一般优点外，还具有退饱和保护和负电源电压欠压保护功能。实现对被驱动 GTR 的过流快速分散就地保护。如图 1-15 所示为 HL202A 的功能原理框图。具有内置光电耦合器 IC_1、IC_2 实现信号隔离；具有贝克箝位端；可直接驱动 100A 以内的 GTR，附加放大电路后可驱动 150～400A 的 GTR；采用双电源供电等特点。HL202A 的端子功能如表 1-5 所示。

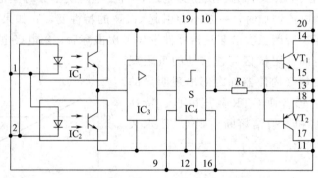

图 1-15   HL202A 功能原理图

表 1-5   HL202A 的端子功能表

端子	功 能	端子	功 能
1	输入控制电压（0V 和 13V）	14	NPN 输出晶体管的集电极
2	通过电阻、电容接＋15V 和控制地	15	正基极驱动电流的输出端
9	外接电容器 C_1，决定退饱和保护的延迟时间	16	退饱和保护的阈值控制，当饱和值取 5V 时可不外接电位器，此端悬空即可
10	外接电阻、电容器	17	PNP 输出晶体管集电极
11	负电源端，接－5.5～－7V 电源电压	18	负基极驱动电流输出端
12	电源接地端	19	退饱和保护引入端
13	贝克箝位输出端	20	正电源端，接＋8～＋10V 电源电压

（2）HL202A 模块的应用   如图 1-16 为 HL202A 的应用接线图。图中 U_{CC} 电源经电阻 R_{C1} 进入 HL202A 的 14 端，经内部驱动三极管 VT_1，由 15 端输出供给 GTR 的基极，使 GTR 导通。R_{C1} 的取值为

$$R_{C1} = \frac{U_{CC} - U_{CES}}{I_{B1}} - R_B$$

式中 U_{CES}——图 1-15 中正向驱动三极管 VT_2 的饱和压降；

R_B——GTR 的基极保护电阻，一般取值 1Ω。

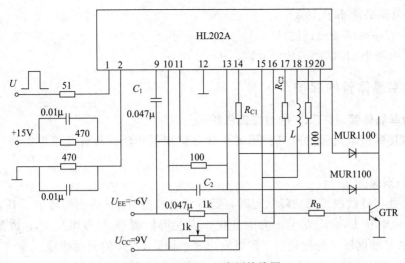

图 1-16　HL202A 应用接线图

当被驱动 GTR 的基极电流 I_{B1} 约为 0.5～1.5A 时，R_{C1} 约选为 5～10Ω。R_{C2} 为 VT_2 的集电极电阻，R_{C2} 的取值应大于 R_{C1} 值。VT_1 的发射极 18 端外接电感 L 为几毫亨，合适的电感值能使 GTR 的关断过程优化。当 16 端悬空时退饱和保护电平约为 5V，如图 16 端外接电位器可以改变退饱和保护电平的大小。9 端外接电容 C_1 为 $0.047\mu F$，使退饱和保护的死区时间约为 $3\mu s$，即当 GTR 出现过电流时，GTR 退饱和、集射极电压增加到 5V（保护电平可调）时，HL202A 在 $3\mu s$ 内自动封锁正向驱动电流，施加负驱动电流，使 GTR 可靠地关断，实现了对被驱动 GTR 的过流快速分散就地保护。延时时间与 C_1 的容量成正比。当负的驱动电源 U_{EE} 低于 5V 时，HL202 自动封锁输出脉冲，实现负电源电压的欠压保护功能。

2. EXB35N 系列驱动模块的应用

下面以 EXB357 为例介绍 EXB35N 系列驱动模块的应用。EXB357 的典型应用如图 1-17 所示。

① 壳体温度 $T_c=-10\sim58℃$；驱动晶体管的结温 $T_j=-10\sim130℃$。

② 光电耦合器实现输入、输出之间的绝缘。

③ 驱动电路和被驱动 GTR 模块之间的连线必须短于 30cm。

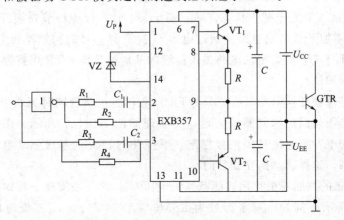

图 1-17　EXB357 驱动模块应用

④ 关断电流必须小于 40A。

⑤ $U_{CC}=U_{EE}=(8.5\pm15\%)V$。

⑥ VT_1 由两个 2SB757 晶体管并联，$R=0.09\Omega$。

四、功率晶体管的保护

(一) 功率晶体管（GTR）的过电流保护

目前 GTR 的过电流保护有三种形式：状态识别保护法、桥臂互锁保护法、LEM 模块保护法。

1. 状态识别保护法

当 GTR 处于过载或短路故障状态时，随着集电极电流 I_C 的剧烈增加，其基-射极电压 U_{BE} 和集-射极电压 U_{CE} 均发生相应的变化，因此可监测基-射极电压 U_{BE} 或集-射极电压 U_{CE} 与预定的基准电压进行比较后，即可发出命令切除 GTR 的驱动信号。

监测 U_{BE} 确认故障的时间快，能在退饱和保护电路封锁的几微秒内起保护作用，但较轻的过载情况下其灵敏度降低。而监测 U_{CE} 的方法适宜于过载电流的保护。

如图 1-18(a) 所示为基-射极电压 U_{BE} 的识别电路实例。GTR 的基-射极电压 U_{BE} 与基准电压 U_R 通过比较器进行比较，正常工作条件下 U_{BE} 低于 U_R，比较器输出低电平，保护驱动管 VT 导通，一旦 U_{BE} 高于 U_R，比较器输出高电平，驱动管 VT 截止，切除 GTR 的驱动信号，关断已过电流的 GTR。

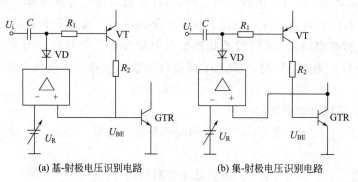

(a) 基-射极电压识别电路   (b) 集-射极电压识别电路

图 1-18　GTR 的状态识别保护电路

如图 1-18(b) 所示为集-射电极电压 U_{CE} 的识别电路。原理与基极电压 U_{BE} 识别电路类似。在 GTR 导通前 VT 处于截止状态，U_{CE} 高于 U_R 时，保护环节封锁开通电路。为保证 GTR 的正常开通需加开通启动电路，通过电容 C 提供驱动管的初始基极电流使 GTR 强制开通，此后 U_{CE} 低于 U_R 时，驱动电路提供持续的基极电流使 GTR 保持导通态。

2. 桥臂互锁保护法

桥臂互锁就是保证任何时刻只有一只 GTR 导通，防止两管同时导通造成直接短路。这种互锁保护电路是用与门逻辑判断来实现，其原理如图 1-19(a) 所示。图中上桥臂 GTR_A 的基极驱动电路受下臂零电流互锁信号控制，下桥臂 GTR_B 的基极驱动电路又受上臂的零电流互锁信号控制，这样就达到互锁目的。

GTR 阻断状态的判断一般可用检测其基极电压 U_{BE} 的方法实现。具体基极 U_{BE} 识别电路如图 1-19(b) 所示，例如，对于型号为 ESM6045D 的管子，当基极电压达到 −4V 时，GTR 即可靠阻断，这时恒流源电路中的发光二极管流过稳定的电流，可用发光二极管的光

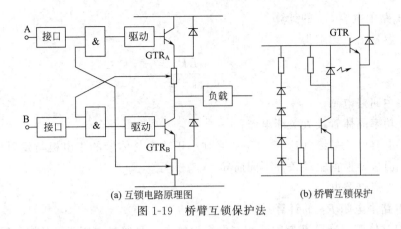

(a) 互锁电路原理图　　　　　　　　　(b) 桥臂互锁保护

图 1-19　桥臂互锁保护法

信号来代表 GTR 已经阻断的信号。

采用桥臂互锁保护法不但提高可靠性，而且可改进系统的动态调整性能，提高系统的工作速度。

3. LEM 模块保护法

LEM 模块是一种磁场平衡式霍尔电流传感器。LEM 模块的电路示意图如图 1-20 所示，它由主回路（初级）、聚磁环、霍尔传感器、次级绕组、放大电路、显示系统部分组成。当主回路有一大电流 I_P 流过时，在电线周围产生一个强的磁场，经聚磁环聚集后感应霍尔器件使之有一个输出信号，再经放大器后获得一个补偿电流 I_S，I_S 经过多匝次级绕组产生补偿磁场与 I_P 产生的主磁场相反，于是霍尔器件的输出逐渐减小，最后当两个磁场相等时 I_S 不再增加，这时霍尔器件就起到指示零磁通的作用。从宏观上看，任意时刻次级电流的安匝数都与原边电流的安匝数一模一样，只要测得次级绕组的小电流，就可知道原边的大

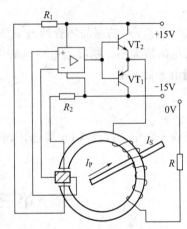

图 1-20　LEM 模块电路示意图

电流。既可测直流，又可测交流，还可测脉冲电流。不但响应速度快，而且与被测电路隔离。因此 LEM 模块成为快速过流保护的理想器件。

（二）功率晶体管的浪涌电压吸收电路

功率晶体管的浪涌吸收有三种典型电路，如图 1-21 所示，即 RC 吸收电路、充放电型 RCD 吸收电路与放电阻断型 RCD 吸收电路。目前最常用的是放电阻断型 RCD 吸收电路，下面介绍这种吸收电路的设计方法。

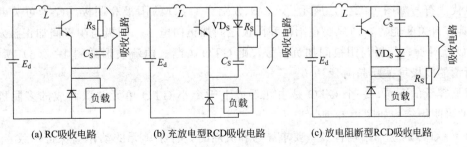

(a) RC吸收电路　　　　(b) 充放电型RCD吸收电路　　　　(c) 放电阻断型RCD吸收电路

图 1-21　浪涌电压吸收电路

1. 吸收电路中电容 C_S 的计算

电容 C_S 容量由下式求得

$$C_S = \frac{L I_0^2}{(U_{CEP} - E_d)^2}$$

式中　L——主回路电感;

　　　I_0——功率晶体管最大关断电流;

　　U_{CEP}——电容电压最终到达值, U_{CEP} 必须小于功率晶体管的集电极与发射极间的耐压, 但这要根据驱动条件不同而异;

　　　E_d——直流电源电压。

2. 吸收电路中电阻 R_S 的计算

到达功率晶体管下次关断期间蓄积在电容中的电荷要通过电阻 R_S 泄放。根据到下次关断之前放掉蓄积电荷的 90% 的条件求得电阻 R_S。

$$R_S \leqslant \frac{1}{2.3 C_S f}$$

式中　f——功率晶体管的开关频率。

若电阻值太小, 则吸收电路电流产生振荡, 因此要选用满足上式时的最大值。电阻 R_S 的损耗由下式求出。

$$P_{Rs} = \frac{L I_0^2 f}{2}$$

吸收电路中二极管 VD_S 要选用瞬态正向压降小的高速二极管, 降低晶体管关断时产生的尖峰电压。

第三节　门极可关断晶闸管

门极可关断晶闸管 (Gate Turn off Thyristor, 简称为 GTO), 也是一种由门极控制导通和关断的电力电子器件。GTO 除具有普通晶闸管的优点外, 还具有自关断能力、无需辅助关断电路、使用方便等优点。目前 GTO 的生产水平已达到 6000V、6000A, 工作频率为 1kHz。GTO 广泛应用于电力机车的逆变器、电网动态无功功率补偿和大功率直流斩波调速等领域。

一、GTO 的结构和工作原理

门极可关断晶闸管 (GTO) 为 PNPN 四层半导体结构, 是反向阻断的三端晶闸管的一种。其代表符号如图 1-22(a) 所示。A、K 分别为 GTO 的阳极和阴极, G 为可关断门极。GTO 具有自关断能力, 即只要在阳极和阴极之间加正向电压, 门极与阴极间加正触发信号, 则 GTO 就导通; 门极与阴极间加负信号, 则 GTO 关断。电流波形如图 1-22(b) 所示, 这就是所谓的门极可关断晶闸管。

根据容量的不同, 一个 GTO 是由几百或上千个小 GTO 单元并联而成的多阴极结构。GTO 的多阴极结构如图 1-23 所示。

由于 GTO 的这一结构特点, 要求导通和关断时, 各小单元的动作应保持一致, 否则会发生烧毁管子的现象。例如当 GTO 关断时, i_{k3} 单元动作出现与其他单元不一致, 其他单

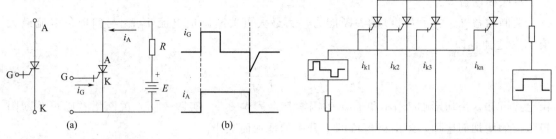

图 1-22　GTO 符号与门极、阳极电流的波形　　　　图 1-23　GTO 多阴极并联结构示意图

元电流逐渐减小，将使 i_{k3} 不但不减小，反而猛增，从而烧毁 GTO，这就是 GTO 失效的基本原理。

由于 GTO 结构的不同，GTO 又分为多种类型。常用的 GTO 有两种：一种是逆阻 GTO，可以承受正反向电压，但正向压降大、快速性能差；另一种是阳极短路 GTO，又称为无反向 GTO，它不能承受反向电压，但正向压降小、快速性能好、热稳定性优良。

二、GTO 的主要特性与参数

（一）GTO 的阳极伏安特性

如图 1-24 所示为逆阻 GTO 的阳极伏安特性曲线。图中 U_{RRM} 和 U_{DRM} 的含义与普通晶闸管相同。将 $90\%U_{DRM}$ 定义为正向额定电压，将 $90\%U_{RRM}$ 定义为反向额定电压。ΔU 为 GTO 正向导通时的正向通态压降，很明显，正向通态压降 ΔU 随阳极电流的增加而逐渐增加，通态压降越小，通态损耗越少。

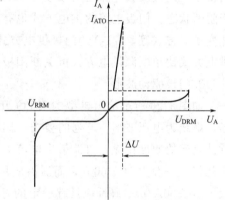

图 1-24　GTO 的阳极伏安特性曲线

GTO 的阳极耐压与门极状态也有很大关系，表 1-6 为 ZJ-366 型 200AGTO 的耐压实验数据。从表中可以看出，当门极加 $-5V$ 偏置电压时，阳极耐压最高；当门极关断信号后沿有坡度 $10V/\mu s$ 的跳变时，阳极耐压最低，所以门极驱动回路中不应有任何毛刺电流。

表 1-6　门极状态对 GTO 耐压的影响

门极状态	阳极峰值电压/V	相对电压
开路	170	1
短路	185	1.09
$-5V$ 偏置	240	1.41
从 $-7V$ 到 0V 门极电压跳变率 $10V/\mu s$	160	0.94

（二）GTO 最大可关断阳极电流与关断增益

1. GTO 最大可关断阳极电流 I_{ATO}

GTO 的容量一般用这个参数来标称，如 3000A/4500V 的 GTO，是指最大阳极可关断电流为 3000A。I_{ATO} 即为 GTO 的铭牌电流。实际应用中，可关断阳极电流 I_{ATO} 受如下因素影响：门极关断负电流波形、阳极电压上升率、工作频率及电路参数的变化等。

2.关断增益 β_{off}

关断增益 β_{off} 表示 GTO 的关断能力，为最大可关断阳极电流 I_{ATO} 与门极负电流最大值 I_{GM} 之比，即

$$\beta_{off} = \frac{I_{ATO}}{I_{GM}}$$

由上式可知，一切影响 I_{ATO} 和 I_{GM} 的因素都会影响 β_{off}。实践表明，关断增益随可关断阳极电流的增加而增加，随门极电流的上升率的增加而减小。

三、GTO 门极驱动电路

（一）门极电路结构与驱动波形

1.门极电路结构

如图 1-25 所示为门极电路结构示意图，由门极开通电路、门极关断电路和门极反偏电路组成。门极反偏电路是为了防止 GTO 误开通，以提高 GTO 的阳极耐压，确保 GTO 处于阻断状态。门极电路的供电方式也有多种形式，如单电源供电方式、双电源供电方式、脉冲变压器方式等，GTO 的门极供电方式不同，可关断阳极电流和工作频率也不同，双电源供电方式比单电源供电方式可关断阳极电流要大。

2.门极驱动波形

如图 1-26 所示给出典型的 GTO 开通和关断时的门极电流、电压波形。实线为电流波形，虚线为电压波形。开通时要求：门极电流脉冲前沿陡度大，一般为 5～10A/μs，门极正脉冲电流的幅度比额定直流触发电流大 5～10 倍，正脉冲宽度对应的时间比 GTO 开通时间大几倍，一般为 10～60μs，而后沿应尽量平缓些。关断时要求：关断脉冲电流的上升率一般为 10～50A/μs，脉冲应具有一定的宽度，关断脉冲电流的幅度一般为（1/5～1/3）I_{ATO}，这与被驱动 GTO 的关断增益有关，其后沿也应尽量平缓。

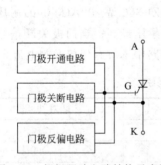

图 1-25　门极驱动电路结构示意图

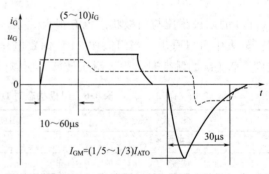

图 1-26　GTO 门极驱动信号波形

（二）GTO 门极驱动电路实例

如图 1-27 所示电路为一双电源供电的门极驱动电路。此电路可用于三相 GTO 逆变器，GTO 的额定参数为 200A，600V。该门极驱动电路由门极开通电路、门极关断电路和门极反偏电路组成。

1.门极导通电路

晶体管 VT_1 未导通时，电容器 C_1 被充电达＋20V。当有门极开通信号时，VT_1 导通

工作，C_1 具有加速 VT_1 导通的作用，以获得前沿
较陡的门极导通电流。门极导通的时间，即导通脉
冲的宽度由 VT_1 的基极信号控制。门极导通的同
时，电容器 C_2 经 +20V 电源、VT_1、GTO 的门极、
阴极、电感 L 和二极管 VD 到 -20V 电源被充电，
C_2 两端的电压达 40V。使门极上形成门极导通电流
的峰值为 6A、宽门极脉冲电流为 0.5A 的开通电流。

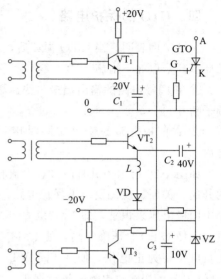

2.门极关断电路

晶体管 VT_2 导通时，提供门极关断脉冲，此时
VT_2 导通，C_2 经 GTO 的阴极、门极、VT_2 放电，
形成门极关断电流峰值为 90A，前沿陡度为 20A/
μs、脉冲宽度大于 $10\mu s$ 的门极关断电流。

3.门极反偏电路

门极的负偏置电压由 -20V 电源对电容 C_3 充电

图 1-27 实用门极驱动电路之一

而得到，C_3 两端的反偏电压经稳压二极管 VZ 箝位
于 10V 左右。当晶体管 VT_3 导通时反偏电压加在 GTO 的门极上，从而提高 GTO 的耐压。
调整相关电阻和电容的数值可以改变反偏电压的维持时间。

如图 1-28 所示为光电耦合的 GTO 门极驱动电路。该电路用于三相 PWM 控制的 GTO
逆变器的驱动电路，采用双电源供电的方式，门极导通电路和门极关断电路分别由直流 5V
和 13V 供电。为使开通和关断脉冲具有较陡的前沿和较大的幅度，直流电源上分别并有高
频响应特性好的薄膜电容器。如图 1-28 电路可驱动额定电压为 1200V，I_{ATO} 为 500A
的 GTO。

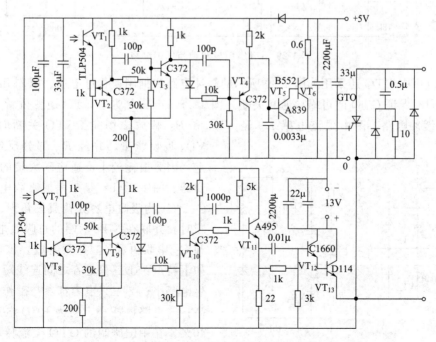

图 1-28 实用门极驱动电路之二

四、GTO 的保护电路

大量实例表明，当 GTO 损坏后，往往引起门极电路的损坏，为此应设置门极电路的保护环节，采取如下措施。

① 在门极电路的输出端接一快速熔断器实现过流保护，以便门极电路尽快与 GTO 门极端子断开。

② 在门极电路的输出端同时接一齐纳二极管，以便门极电路箱位在安全电压范围之内。

如图 1-29 所示为具有门极过电流自保护电路的门极驱动电路。该电路除具有控制 GTO 的开通、关断、反偏及门极保护电路外，还具有 GTO 过电流自关断保护电路。过电流的大小由阳极电压来识别，即 LM311 的正向输入端经 VD_3 跟随 GTO 正向管压降的变化，由于过电流使 GTO 管压降升高，使 LM311 正向输入端电位高于反向设定电位，则比较器输出由负电位转为正电位，使 VT_5、VT_7 导通，在 GTO 的门极与阴极间产生负脉冲信号使 GTO 关断，切除过电流，进行保护。

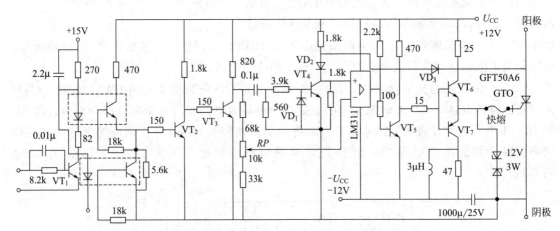

图 1-29　GTO 门极驱动与保护电路

实际应用中 GTO 还采用如图 1-30 所示的缓冲电路来抑制换相过电压、限制 du/dt、动态均压，同时保证 GTO 的可靠导通和关断。图 1-30（a）是大功率 GTO 逆变桥臂上的非对称 RLCD 缓冲电路，图中限流电感 L_S 经 VD_S 和 R_S 释放磁场能。GTO 关断时，C_S 经 VD_S 吸收能量，并经 R_S 部分反馈到电网上，因此损耗较小，适应于大量的 GTO 逆变器。图 1-30（b）是三角形吸收电路，C_1、C_2、C_3 为吸收电容并接成三角形，VT_1 关断时，并联在 VT_1 两端的总吸收电容由 C_3 和 C_2 串联再和 C_1 并联组成。该电路具有如下特点：①三只电容之间连线短，所以寄生电感小；②三只电容都参与工作，利用率高；③电路损耗小，约为 RCD 电路损耗的 40%。在中国研制的 GTO 交流传动电力机车逆变器中采用该电路。

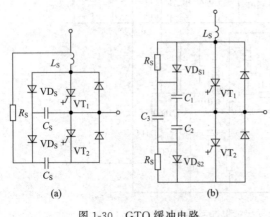

图 1-30　GTO 缓冲电路

第四节 功率场效应晶体管

功率场效应晶体管（Power MOSFET）又称功率 MOSFET（Metal Oxide Semiconductor Effect Transistor）。它是一种单极型的电压控制器件，不但具有自关断能力，而且具有驱动功率小、工作频率高达 1MHz、无二次击穿问题、安全工作区宽等特点。但功率 MOSFET 的功率不易做得过大，因此，功率 MOSFET 常应用于中小功率的高性能开关电路中。

一、功率 MOSFET 的特性和参数

功率 MOSFET 可分为 N 沟道和 P 沟道两种类型，其图形符号如图 1-31 所示，目前使用最多的是 N 沟道增强型 MOSFET。它有三个电极：栅极 G、漏极 D、源极 S，图中箭头表示管子内部载流子的移动方向。

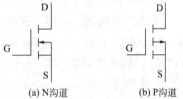

图 1-31 功率 MOSFET 的图形符号

（一）功率 MOSFET 的主要特性

1.输出特性

输出特性也称为漏源特性，它以栅源电压 U_{GS} 为参变量，反映漏极电流 I_D 与漏源极电压 U_{DS} 间关系的曲线族。如图 1-32 所示，输出特性可分为三个区域：可调电阻区 Ⅰ、恒流区 Ⅱ 和雪崩区 Ⅲ。

当功率 MOSFET 作为开关器件使用时，工作在可调电阻区，此时，当 U_{GS} 一定时，漏极电流 I_D 与漏源极电压 U_{DS} 呈线性关系；当功率 MOSFET 用于线性放大时，工作于恒流区，此时当 U_{GS} 一定时，漏极电流 I_D 近似为常数；功率 MOSFET 使用时，应避免工作在雪崩区，否则会使器件损坏。值得注意的是功率 MOSFET 在漏源极之间存在一个寄生的反并联二极管，所以功率 MOSFET 无反向阻断能力，应用时如果漏源极之间必须承受反压，则功率 MOSFET 的电路中应串入快速二极管。

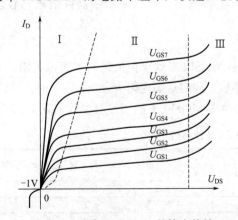

图 1-32 功率 MOSFET 的输出特性

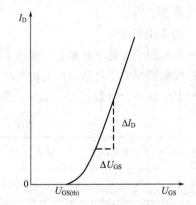

图 1-33 功率 MOSFET 的转移特性

2.转移特性

转移特性是指在输出特性曲线的饱和区内，在一定的漏源极电压 U_{DS} 作用下，功率 MOSFET 栅源电压 U_{GS} 与漏极电流 I_D 之间的关系，如图 1-33 所示，图中 $U_{GS(th)}$

称开启电压又称阈值电压。当栅源电压 U_{GS} 小于开启电压 $U_{GS(th)}$ 时，功率 MOSFET 处于截止状态；当栅源电压 U_{GS} 大于开启电压 $U_{GS(th)}$ 时，功率 MOSFET 处于导通状态。用跨导 g_m 表示：

$$g_m = \Delta I_D / \Delta U_{GS}$$

即为转移特性的斜率，它相当于功率晶体管 GTR 中的电流增益 h_{FE}。该特性表征功率 MOSFET 栅源电压 U_{GS} 对漏极电流 I_D 的控制能力。

（二）功率 MOSFET 的主要参数

1. 漏极电流 I_D

漏极电流 I_D 表征功率 MOSFET 的电流容量，其测试条件为：在 $U_{GS}=10V$，U_{DS} 为某个适当值时的漏极电流。实际应用中漏极电流受结温和工作状态的限制，随结温的升高，实际允许的漏极电流 I_D 比 $T_j=25℃$ 时的允许漏极电流要小。

2. 漏源击穿电压 $U_{(BR)DS}$

漏源击穿电压 $U_{(BR)DS}$ 表征功率 MOSFET 的耐压极限。由于功率 MOSFET 的特殊结构，当结温升高时，$U_{(BR)DS}$ 随之增加，耐压性能提高，这一点与双极型器件功率晶体管（GTR）、晶闸管等随结温升高而耐压降低的特性正好相反。

3. 栅源击穿电压 $U_{(BR)GS}$

栅源击穿电压 $U_{(BR)GS}$ 表征功率 MOSFET 栅源极间能承受的最高正、反向电压，其值一般为 ±20V。

4. 最大功率 P_{DM}

功率 MOSFET 的最大功率为

$$P_{DM} = \frac{T_{jM} - T_C}{R_{TjC}}$$

式中　T_{jM}——额定结温（$T_{jM}=150℃$）；

　　　T_C——结壳温度；

　　R_{TjC}——结到壳间的稳态热阻。

由上式可知，随结壳温度的升高最大功率 P_{DM} 将减小，所以使用中器件的散热技术是非常重要的。

5. 通态电阻 R_{on}

通态电阻 R_{on} 是指在确定的栅压 U_{GS} 下，功率 MOSFET 处于恒流区时的直流电阻，它与输出特性密切相关，是影响最大输出功率的重要参数，同时通态电阻 R_{on} 与 U_{GS} 有关，随 U_{GS} 的增加 R_{on} 减小，但 U_{GS} 受 $U_{(BR)GS}$ 的限制。常用功率 MOSFET 的型号与参数见表 1-7 所示。

表 1-7　常用 MOSFET 性能参数

型　号	$U_{(BR)DS}/V$	$R_{DS(on)}/\Omega$	I_D/A		$R_{TjC}/℃\cdot W^{-1}$	P_D/W
			$T_C=25℃$	$T_C=100℃$		
IRFI510G	100	0.54	4.5	3.2	5.5	27
IRFI620G	200	0.80	4.1	2.6	4.1	30
IRFI740G	400	0.55	5.4	3.4	3.1	40
IRFI840G	500	0.84	4.6	2.9	3.1	40
IRF840	500	0.85	8.0	5.1	1.0	125
IRFP064	60	0.009	70	70	0.50	300
IRFPF40	900	2.5	4.7	2.9	0.83	150
IRFPC60	600	0.4	16	10	0.45	280

（三）使用功率 MOSFET 时应注意的事项

由于功率 MOSFET 的特殊结构，其具有极高的输入阻抗，在静电较强的场合难以泄放电荷，易引起静电击穿。因此，功率 MOSFET 在运输、存放时应放入具有抗静电的包装袋内，不能放入易产生静电的塑料盒内；对器件进行焊接、测试时，电烙铁及仪器、仪表应良好接地；注意栅极电压不要超过限值，应在栅源极之间外接齐纳二极管进行必要的保护，同时对漏源极之间的过电流和过电压也应采取必要的保护措施，确保功率 MOSFET 在安全工作区内正常工作。

二、功率 MOSFET 的栅极驱动电路

（一）对功率 MOSFET 的栅极驱动电路的要求

功率 MOSFET 是电压控制器件，控制极为栅极，输入阻抗高属纯容性网络。其栅极的等效电路如图 1-34 所示，图中 S_1 为等效的开通开关，S_1 闭合，电容 C 被充电；S_2 为等效的关断开关，S_2 接通，电容 C 被放电；S_1、S_2 两者总是处于一个闭合一个断开的相反状态，正因为如此，功率 MOSFET 的栅极驱动电路只需对电容 C 充电、放电就可以控制功率 MOSFET 的导通和关断。所以，其驱动功率相对较小且电路也较简单。

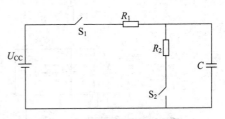

图 1-34 栅极驱动等效电路

① 为提高导通和关断的速度，触发脉冲前后沿要陡峭，同时尽量减小电容充放电回路的电阻。

② 为使功率 MOSFET 可靠地触发导通，触发脉冲电压应高于管子的开启电压 $U_{GS(th)}$，但应小于栅源极击穿电压 $U_{(BR)GS}$。

③ 为防止功率 MOSFET 截止时误导通，截止时应给功率 MOSFET 栅极加负栅源电压，同时小于 $U_{(BR)GS}$。

（二）驱动电路实例

1. 功率 MOSFET 的常用驱动电路

如图 1-35 所示为采用 TTL 器件的直接驱动电路。

如图 1-36 所示为采用推挽电路的直接驱动电路。

如图 1-37 所示为采用脉冲变压器的隔离驱动电路。

如图 1-38 所示为采用光电耦合器的隔离驱动电路。

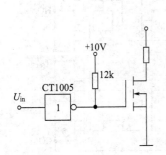

图 1-35 TTL 驱动电路

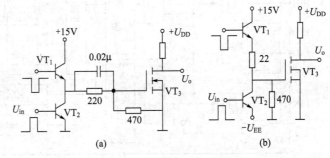

图 1-36 高性能推挽驱动电路

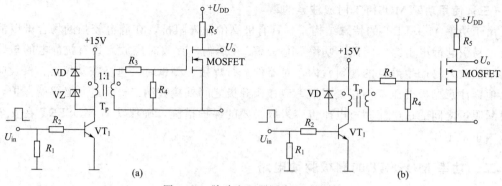

图 1-37 脉冲变压器隔离驱动电路

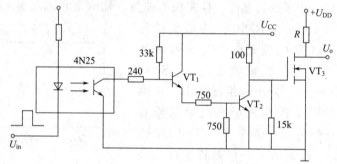

图 1-38 标准光电耦驱动电路

2. 功率 MOSFET 的集成驱动电路

目前应用于功率 MOSFET 的专用驱动电路较多，例如美国 IR 公司生产的 IR2110、IR2115、IR2130，配对使用的 UC3724/3725 和日本富士电机公司的 FA5310、FA5311 等，都是实用的驱动芯片。

如图 1-39 所示 IR2110 的功能原理框图，IR2110 采用了 HVIC 技术和闩锁抗干扰 CMOS 工艺制作，具有独特的高端和低端输出通道；逻辑输入与标准的 CMOS 输出电平兼容；浮置电源采用自举电路，其高端工作电压可达 500V，du/dt 为 50V/ns，在 15V 下的静态功耗仅为 1.6mW；输出栅极驱动电压范围为 10～20V，逻辑电压范围为 5～15V，逻辑电源地电压偏移范围为－5～＋5V。高端通道和低端通道设有延时控制，典型的开通延时时间为 120ns，关断延时为 94ns。IR2110 端子功能如表 1-8 所示。

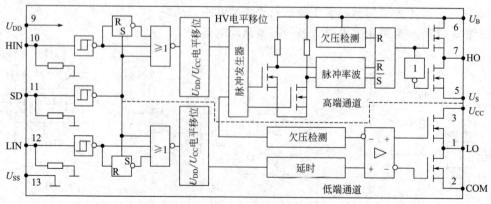

图 1-39 IR2110 的功能原理框图

表 1-8 IR2110 端子功能表

端子	符号	功 能
1	LO	低端驱动输出,推挽式驱动输出峰值电流不小于2A,高低端两路输出具有滞后欠压锁定功能
2	COM	公共地
3	U_{CC}	低端固定电源电压;当U_{CC}低于芯片内部电路整定值时,同时封锁高低两端的输出脉冲
5	U_S	高端浮置电源偏置电压
6	U_B	高端浮置电源电压;当U_B低于芯片内部电路整定值时,仅封锁高端输出
7	HO	高端驱动输出,推挽式驱动输出峰值电流不小于2A,高低端两路输出具有滞后欠压锁定功能
9	U_{DD}	逻辑电路电源电压
10	HIN	高端逻辑输入
11	SD	保护控制输入端;当检测到外功率电路发生过载、短路等故障时,检测保护电路的输出信号接入IR2110的SD端,高电平有效,芯片内部逻辑电路将上下通道的输入控制信号自动封锁
12	LIN	低端逻辑输入
13	U_{SS}	逻辑电路地电位端外接电源电压,其值可以为零
4、8、14		空端

图 1-40 为用 IR2110 驱动 MOSFET 在双正激变换器中的应用。在这种情况下,由于续流二极管的导通时间变得非常短,为了确保自举电容在开通时和后续周期内充足电荷,电路中增加了三个元器件 R_1、VT_1 和 VT_4。当 VT_1、VT_2 截止时,VT_4 也截止,VT_3 饱和导通,将电容 C_1 一端经 VT_3 与地接通,使 C_1 快速被充电达 15V 左右。当 VT_1、VT_2 导通时,VT_4 饱和导通,使 VT_3 截止,则电容 C_1 一端与 VT_1 的源极电位相等,使 C_1 另一端对地的电位举高,VT_1 的栅极与源极间的电压为正,保证 VT_1 饱和导通。

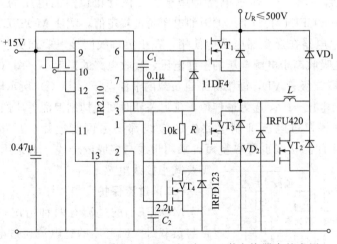

图 1-40 IR2110 在双正激变换器中的应用

三、功率 MOSFET 的保护电路

(一) 过压保护电路

实际应用中常对功率 MOSFET 的栅极过电压与漏源极过电压进行保护,加到 MOSFET 上的过电压有:开关与其他 MOSFET 等部件产生的浪涌电压、MOSFET 自身关断时产生的浪涌电压、MOSFET 内部二极管的反向恢复特性产生的浪涌电压等,这些过电压会损坏元器件,因此要降低这些电压的影响。

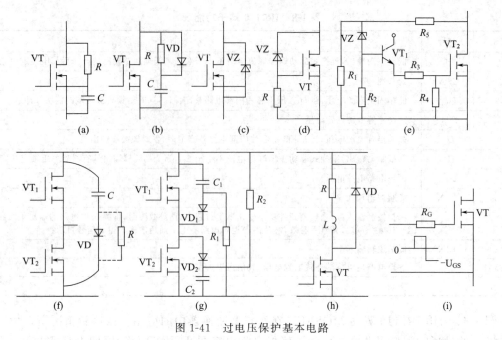

图 1-41　过电压保护基本电路

功率 MOSFET 的栅源极间的耐压一般为±20V，常在栅源极间并接 15～20V 的双向稳压二极管，限制所加的栅极电压；并接电容吸收浪涌电压。

漏源极过电压保护基本电路如图 1-41 所示。图 1-41 中（a）所示电路是用 RC 吸收浪涌电压的方式。图（b）所示电路是再接一只二极管 VD 抑制浪涌电压，为防止浪涌电压的振荡，VD 要采用高速开关二极管。图（c）所示电路是用稳压二极管箝位浪涌电压的方式，而图（d）、图（e）所示电路是 MOSFET 上如果加的浪涌电压超过规定值，就使 MOSFET 导通的方式。图（f）和图（g）所示电路在逆变器电路中使用，在正负母线间接电容而吸收浪涌电压。特别是图（g）所示电路能吸收高于电源电压的浪涌电压，吸收电路的损耗小。图（h）所示电路是对于在感性负载上并联二极管 VD，能消除来自负载的浪涌电压。图（i）所示电路是栅极串联电阻 R_G，使栅极反向电压$-U_{GS}$选为最佳值，延迟关断时间而抑制浪涌电压的发生。

对于任何保护电路来说，过电压抑制电路中的接线都要尽可能地短，尽量靠近功率 MOSFET 电极，另外，主回路接线也要尽量短，采用粗线与多股绞合线，若采用平行线时，需要减小接线电感。

（二）过流保护

MOSFET 的过流有两种情况，即负载短路与负载过大时产生的过电流。过电流保护的基本电路如图 1-42 所示，由电流互感器（CT）检测过电流，从而切断 MOSFET 的栅极信号，也可用电阻或霍尔元件替代 CT。

四、功率 MOSFET 的串并联运行

1. 功率 MOSFET 的串联运行

功率 MOSFET 串联方法如图 1-43 所示。图（a）是串联连接使 MOSFET 同时驱动的

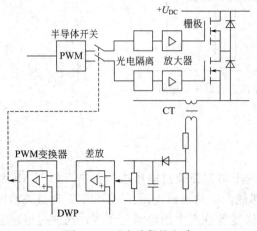

图 1-42　过电流保护电路

方式。R_1，R_2 与 C_1 是电压均衡元件，并兼有吸收浪涌电压的作用。要选用开通与关断时间尽量相等的 MOSFET，驱动输入有必要采用脉冲变压器与光电耦合器进行隔离。图（b）为推拉输出电路方式。R 为均压电阻。在开通时，若 VT_2 的栅极提供导通信号，则两个 MOSFET 同时开通，即若 VT_2 先导通，VT_2 的漏源极间电压下降，通过 VT_1 的 D-G 间电阻 R，电流流经 VT_1 栅极，栅极电位上升，VT_1 也开通。关断时工作

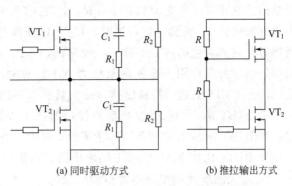

(a) 同时驱动方式　　(b) 推拉输出方式

图 1-43　功率 MOSFET 的串联连接方式

过程相反。对于这种方式在导通状态，VT_1 通态电压变大，因此，损耗增加，这是这种方式的缺点。

2.功率 MOSFET 的并联运行

功率 MOSFET 适用于并联运行，但实际应用时要采取措施才能获得较满意的效果。并联时应注意以下几个方面。

① 并联功率 MOSFET 的各栅极分别用电阻分开，栅极电路的输出电阻应小于串入电阻值。例如，当 I_D 为 5～10A 时，可串入 10～100Ω 的电阻。

② 在每个栅极引线上设置铁氧体磁环，即在导线上套一小磁环形成有损耗阻尼环节。

③ 必要时在每个器件的漏栅之间接入几百皮法的小电容以改变耦合电压的相位关系。

④ 在源极接入适当的电感。

⑤ 精心布局，使器件尽量做到完全对称，连线尽量相等，并且尽量减短加粗，尽可能用多股绞线。

第五节　绝缘栅双极晶体管

绝缘栅双极晶体管（Insulated Gate Bipolar Transistor）简称 IGBT，是一种新型的复合功率器件。它集功率晶体管 GTR 和功率 MOSFET 的优点于一体，具有电压型控制、输入阻抗大、驱动功率小、控制电路简单、开关损耗小、工作频率高、元件功率大等优点。目前生产 IGBT 的已达 2500V、1000A，IGBT 广泛应用于交流变频器、开关电源、伺服系统、牵引传动等领域。

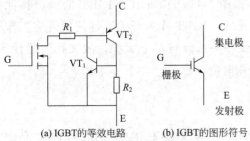

(a) IGBT的等效电路　　(b) IGBT的图形符号

图 1-44　IGBT 的等效电路与图形符号

一、IGBT 的结构与工作原理

IGBT 的结构有单管形式和模块形式。如图 1-44 所示为绝缘栅双极晶体管 IGBT 的等效电路图和图形符号。IGBT 有三个电极：栅极 G、集电极 C、发射极 E。内部由 VT_2（PNP）和寄生 VT_1（NPN）两个晶体管构成一个晶闸

管结构。在正常工作电流状态下，R_2 上的压降不足以引起寄生晶体管 VT_1（NPN）导通；当集电极电流 I_C 大到一定程度时，R_2 上的压降升高，寄生的 VT_1 晶体管因过高的正偏置而导通，进而寄生的 VT_1（NPN）和 VT_2（PNP）晶体管同时处于饱和状态，此时 IGBT 的栅极失去了控制作用。这种现象称为 IGBT 的电流锁定效应，也称为 IGBT 的电流擎住效应。由于 IGBT 的这种特殊结构，使它具有以下的特点。

① IGBT 是一种电压控制型器件，即在 IGBT 的 G-E 之间加正电压时，IGBT 导通工作；当 IGBT 的 G-E 之间的电压为零时，IGBT 关断。

② IGBT 比功率 MOSFET 的耐压高，电流容量比功率 MOSFET 大。

③ 开关速度比功率晶体管 GTR 要快。

④ 可以控制栅极电压实现过电流保护。IGBT 导通时，其 U_CE 的大小反映过流情况，故可用检测栅射电压与集射电压的方法来识别过电流信号。一旦 U_CE 大于某一门限值，则控制栅极电压等于或小于零就可以使 IGBT 截止，对 IGBT 实现过流保护。

二、IGBT 的主要特性与参数

（一）IGBT 的主要特性

1. IGBT 的转移特性

IGBT 的转移特性是指集电极电流 I_C 与栅射电压 U_GE 之间的关系曲线，如图 1-45（a）所示，与功率 MOSFET 的转移特性相似。图中 $U_\text{GE(th)}$ 为开启电压，当栅射电压 U_GE 小于开启电压 $U_\text{GE(th)}$ 时，IGBT 处于截止状态。当栅射电压 U_GE 大于开启电压 $U_\text{GE(th)}$ 时，IGBT 导通且导通后的大部分范围内 I_C 与 U_GE 呈线性关系。

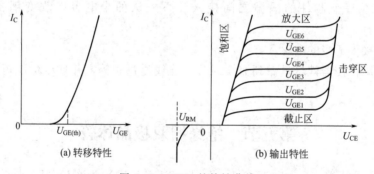

图 1-45　IGBT 的特性曲线

2. IGBT 的输出特性

IGBT 的输出特性也称为伏安特性，是以栅射电压 U_GE 为参变量的 IGBT 正向输出特性，即集电极电流 I_C 与集射电压 U_CE 的关系。如图 1-45（b）所示为 IGBT 的输出特性曲线，分为四个区：饱和区、放大区、击穿区和截止区。IGBT 作为开关器件使用时应工作于饱和区和截止区，在放大区内 I_C 与 U_GE 几乎呈线性关系而与 U_CE 无关，故又称为线性区。IGBT 的反向阻断电压 U_RM 只能达到十几伏，使用时应注意。

（二）IGBT 的主要参数

1. 集射极击穿电压 U_CES

集射极击穿电压 U_CES 即为 IGBT 的最高工作电压，它取决于 IGBT 内部的 PNP 晶体管所能承受的击穿电压的大小。击穿电压的大小与结温呈正温度系数关系，其值大约为

0.63V/℃，即温度每升高 1℃，则击穿电压 U_{CES} 随之升高 0.63V。

2. 开启电压 $U_{GE(th)}$ 和最大栅射极电压 U_{GES}

开启电压 $U_{GE(th)}$ 是 IGBT 导通所需的最低栅射极电压，即转移特性与横坐标的交点电压。$U_{GE(th)}$ 具有负温度系数，其值大约为 5mV/℃。在 25℃时，IGBT 的开启电压一般为 2~6V。由于 IGBT 的驱动为 MOSFET，应将最大栅射极电压限制在 20V 以内，其最佳值一般取 15V 左右。

3. 通态压降 $U_{CE(on)}$

通态压降 $U_{CE(on)}$ 是指 IGBT 处于导通状态时集射极间的导通压降。它决定了 IGBT 的通态损耗，此值越小，管子的功率损耗越小。富士公司 IGBT 模块的 $U_{CE(on)}$ 值约为 2.5~3.5V。

4. 集电极连续电流 I_C 和峰值电流 I_{CM}

IGBT 集电极允许流过的最大连续电流 I_C 为 IGBT 的额定电流。I_C 的大小主要取决于结温的限制。为了防止电流锁定效应的出现，IGBT 也规定了最大集电极电流峰值 I_{CM}。一般情况下峰值电流为额定电流的 2 倍左右。常用单管 IGBT 和 IGBT 模块性能参数见表 1-9 所示。

表 1-9　常用单管 IGBT 和 IGBT 模块性能参数

型　号	U_{CES}/V	$U_{CE(on)}$/V	I_C/A		P_D/W
			$T_C=25℃$	$T_C=100℃$	
IRGPC40F	600	2.0	49	27	160
IRGPF40F	900	3.3	31	17	160
IRGPH40F	1200	3.3	29	17	160
IRGRDN400M06	600	2.0	600	240	1984
IRGDDN400M06	600	2.0	600	240	1984
IRGTDN200K06	600	2.7	260	100	1000
CPV362MK	600	3.5	5.7	3.0	23
IRGTI090U06	600	3.0	90	50	298
IRGDDN600K06	600	2.7	680	280	26043
IRGKIN150K06	600	2.7	170	70	658

三、IGBT 的驱动电路

由于 IGBT 的迅速普及，用于栅极控制的驱动模块也应运而生，市场上应用较多的 IGBT 驱动模块是日本富士公司开发的 EXB 系列，它包括标准型和高速型，它可以驱动全部 IGBT 产品。除此之外，还有日本三菱公司专用 IGBT 驱动模块 M57962AL 等。

（一）对驱动电路的要求

① IGBT 与 MOSFET 都是电压驱动，都具有一个 2.5~5V 的阈值电压，有一个容性输入阻抗，因此 IGBT 对栅极电荷非常敏感，故驱动电路必须可靠，要保证有一条低阻抗值的放电回路，即驱动电路与 IGBT 的连线要尽量短。

② 用内阻小的驱动源对栅极电容充放电，以保证栅极控制电压 U_{GE}，有足够陡的前后沿，使 IGBT 的开关损耗尽量小。另外，IGBT 开通后，栅极驱动源应能提供足够的功率，使 IGBT 不退出饱和而损坏。

③ 驱动电路要能传递几十千赫兹的脉冲信号。

④ 驱动电平 U_{GE} 也必须综合考虑。U_{GE} 增大时，IGBT 通态压降和开通损耗均下降，但负载短路时电流 I_C 增大，IGBT 能承受短路电流的时间减小，对其安全不利，因此在有短路过程的设备中 U_{GE} 应选得小些，一般选 12～15V。

⑤ 在关断过程中，为尽快抽取 PNP 管的存储电荷，需施加一负偏压 U_{GE}，但它受 IG-BT 的 G、E 间最大反向耐压限制，一般取 -1～-10V。

⑥ 在大电感负载下，IGBT 的开关时间不能太短，以限制 di/dt 形成的尖峰电压，确保 IGBT 的安全。

⑦ 由于 IGBT 在电力电子设备中多用于高压场合，故驱动电路与控制电路在电位上应严格隔离。

⑧ IGBT 的栅极驱动电路应尽可能简单实用，最好自身带有对 IGBT 的保护功能，并有较强的抗干扰能力。

（二）IGBT 的集成驱动电路

1. IGBT 驱动电路 EXB840/841

富士公司 IGBT 生产的 EXB 系列驱动模块的应用情况如表 1-10 所示。

表 1-10 富士公司 IGBT 驱动模块

IGBT	600V IGBT 驱动		1200V IGBT 驱动	
	150A	400A	75A	300A
标准型	EXB850	EXB851	EXB850	EXB851
高速型	EXB840	EXB841	EXB840	EXB841

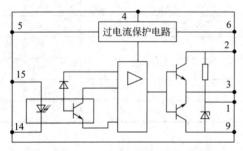

图 1-46 EXB840/EXB841 功能原理图

四种 IGBT 专用驱动模块内部结构稍有不同，EXB840/EXB841 的内部结构如图 1-46 所示。EXB840/EXB841 为高速系列的 IGBT 集成驱动电路，工作频率可达 40kHz。其内装隔离高电压的光电耦合器，隔离电压可达 2500V AC。具有过电压保护和低速过流切断电路，保护信号可输出供控制电路用。单电源供电，内部电路可将 +20V 的单电压转换为 +15V 的开栅压和 -5V 的关栅压。它的封装形式是厚膜集成电路矩形扁片状封装，引出端为单列直插式，端子功能见表 1-11 所示。

表 1-11 EXB840/EXB841 的端子功能

端子	功　　　能	端子	功　　　能
1	与用于反向偏置电源的滤波电容器相连接	6	集电极电压监视
2	供电电源（+20V）	7、8、10、11	为空端
3	驱动输出	9	电源地
4	用于外接电容器，以防止过电流保护电路误动作（绝大部分场合不需要此电容器）	14	驱动信号输入（-）
5	为过电流保护输出	15	驱动信号输入（+）

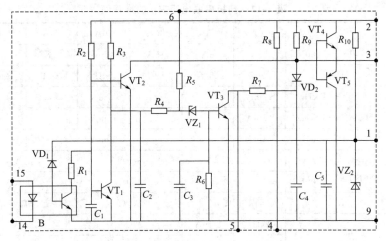

图 1-47　EXB841 的电路原理图

如图 1-47 为 EXB841 的电路原理图。EXB841 的结构可分为三个部分：隔离放大、过电流保护和基准电源。隔离放大部分由光电耦合器 B、晶体管 VT_2、VT_4、VT_5 组成，VT_2 起中间放大作用，VT_4、VT_5 组成互补式推挽输出，给 IGBT 的栅极提供导通和关断电压。过电流保护部分由晶体管 VT_1、VT_3 和稳压二极管 VZ_1 组成，实现过电流检测和延时保护功能。R_{10} 和 VZ_2 构成了 5V 基准电源，它可以为 IGBT 的栅极提供一5V 的反偏电压，同时也为光电耦合器供电。

其工作过程如下。

（1）导通过程　当输入端 15 端和 14 端流过 10mA 的电流时，光电耦合器 B 导通，使 VT_1、VT_2 截止，晶体管 VT_4 导通、VT_5 截止，则 2 端电源经过 VT_4、电阻 R_G 向 IGBT 的栅极提供电流，使 IGBT 迅速导通工作。

（2）关断过程　当输入端 15 和 14 端流过的电流为零时，光电耦合器 B 截止，使 VT_1、VT_2 同时导通，晶体管 VT_4 截止、VT_5 导通，IGBT 的栅极电荷通过 VT_5 迅速放电，使 EXB841 的 3 端的电位下降到 0V，由于此时 1 端的电位比 3 端的电位高 5V，即给 IGBT 的栅极施加反压使之可靠关断。

（3）保护动作　通过识别 IGBT 工作时集射极的导通压降 U_{CE} 的大小，就可以判断是否有集电极过电流。当无过电流时集射极压降较小，隔离二极管 ERA34-10 导通，使 EXB841 内部的 VZ_1 不被击穿，保护电路不工作，此时 VT_3 截止、C_4 被充电，电压达 20V。当有过电流或短路发生时，IGBT 承受大电流而退饱和，使 U_{CE} 上升，隔离二极管截止，使 VZ_1 被击穿而导通，则 VT_3 导通，C_4 经 R_7、VT_3 放电，VT_4 截止、VT_5 导通，关断 IGBT。同时 5 端输出低电平，外接光耦 TLP521 动作封锁驱动信号或送出过电流保护信号。

因为驱动电路信号延时小于等于 $1\mu s$，所以此混合集成电路适用于高约 40kHz 的开关操作，当在此频率情况下使用此混合集成电路时应注意以下几点。

① IGBT 的栅射极驱动回路接线必须小于 1m。

② IGBT 的栅射极驱动回路接线应采用绞线。

③ 如果 IGBT 的集电极产生大的电压尖脉冲，则可增加 IGBT 的栅极串联电阻 R_G 来减小尖峰电压。栅极串联电阻 R_G 的推荐值如表 1-12 所示。

④ 电容器 C 吸收由于电源电线阻抗而引起的供电电压变化。

表 1-12 栅极串联电阻 R_G 的推荐值

EXB840 驱动	IGBT 额定值	600V	10A	15A	30A	50A	75A	100A	150A
		1200V	—	8A	15A	25A	—	50A	75A
	R_G		250Ω	150Ω	82Ω	50Ω	33Ω	25Ω	15Ω
	I_{cc}	5kHz	17mA	—	—	17mA			19mA
		10kHz	17mA	—	—	18mA			22mA
		15kHz	18mA	—	—	20mA			25mA

EXB841 驱动	IGBT 额定值	600V	200A	300A	400A	—
		1200V	200A	150A	200A	300A
	R_G		12Ω	8.2Ω	5Ω	3.3Ω
	I_{cc}	5kHz	20mA	22mA	23mA	27mA
		10kHz	24mA	27mA	30mA	37mA
		15kHz	27mA	32mA	374mA	47mA

使用时应注意以下事项。

（1）输入电路与输出电路分开 输入电路（光电耦合器）接线远离输出电路接线，以保证有适当的绝缘强度和能有效地防止输入输出间相互耦合引起的噪声干扰。

（2）严格按推荐的条件使用 过高的驱动供电电压会损坏 IGBT，不足的驱动电压会不正常地增加 IGBT 的导通压降。过高的输入电流会增加驱动电路的信号延迟，不足的输入电流会引起驱动电路操作不稳定。栅极电阻过小会增加 IGBT 和续流二极管的开关噪声。

EXB840/EXB841 的典型应用电路如图 1-48 所示。EXB840/EXB841 是混合集成电路，EXB840 能驱动高达 150A、600V 的 IGBT 和高达 75A、1200V 的 IGBT；EXB841 能驱动高达 400A、600V 的 IGBT 和高达 300A、1200V 的 IGBT。

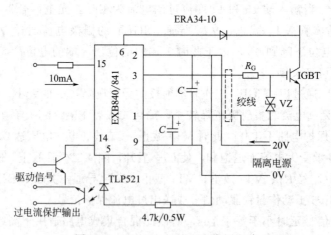

图 1-48 EXB840/EXB841 应用电路

2. IGBT 驱动电路 M57962AL

M57959L/M57959AL/M57962L/M57962AL 混合集成 IGBT 驱动器，具有高速光电隔离输入，每分钟能承受 60Hz、2500V 的交流电压，与 TTL 电平兼容。内有定时逻辑短路保护电路，并具有保护延时特性。正负双电源供电，从根本上避免了一般单电源供电时负电压不稳定的缺点。驱动功率大，M57959L/M57959AL 可驱动 200A/600V 或 100A/1200V

的 IGBT 模块，M57962L 可驱动 400A/600V 或 200A/1200V 的 IGBT 模块，M57962AL 可驱动 600A/600V 或 400A/1200V 的 IGBT 模块。M57962AL 的内部原理框图如图 1-49 所示，端子功能见表 1-13 所示。

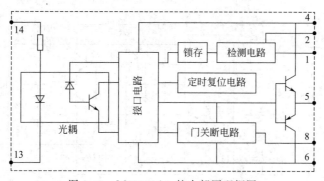

图 1-49　M57962AL 的内部原理框图

表 1-13　M57962AL 的端子功能

端子	功能	端子	功能
1	故障检测端,接 IGBT 集电极、检测二极管正向端	8	故障信号输出,常接输出光耦负端
2	接短路保护抗干扰电容,调节保护时间	13	接输入信号负端
4	接直流电源正端 U_{CC}	14	接输入信号正端
5	驱动输出,接栅极电阻 R_G	3、7、9、10	用于芯片测试端,应用时禁止连接
6	接直流电源负端 U_{EE}		

其工作过程可概述为：开关脉冲输入信号经高速光耦送入接口电路，由输出放大电路在 IGBT 的栅射极间产生正负偏压。为了防止短路，设有检测和保护电路，检测通态压降来判断是否发生短路。在短路故障时集电极电流迅速上升，使其退饱和，则集电极电压迅速上升，当集射极电压超过设定值时，短路检测电路动作，启动短路保护工作电路，降低门极驱动信号电压，产生故障信号，驱动外光耦，输出故障信号。为了防止管子过压击穿及误导通，M57962AL 采用了"软关断技术"检测到短路信号后立即降低栅极输入电压，并且在关断时施加负向偏压。保护电路中设有定时器，如果发生短路保护后 1～2ms，输入电平为低电平，保护电路打开控制阀，恢复正常工作。

保护电路工作原理为：当检测到检测输入端 1 为 15V 高电平时，判断为电路短路，立即启动门关断电路，将输出端 5 置低电平，同时输出误差信号使故障输出端 8 为低电平，以推动外接保护电路工作。经 1～2ms 延时后，如果检测出输入端 13 为高电平，则 M57962AL 复位至初始状态。保护电路工作流程如图 1-50 所示。

图 1-51 所示为 M57962AL 的应用电路。采用双电源供电方式，用于驱动大容量的 IGBT。U_{CC} 为 15V、U_{EE} 为 −10V，VD_1 快速恢复二极管用于检测短路电流。图中的栅极电阻 R_G 的取值非常重要，适当数值的栅电阻能有效地抑制振荡、减缓开关开通时的 di/dt、改善电流上升波形、减小电压浪涌。从安全可靠性角度来

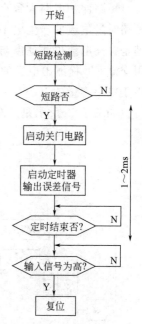

图 1-50　M57962AL 保护电路动作流程图

说，应当取较大的 R_G；一般情况下，可靠性是第一位的，因此使用中倾向于取较大的 R_G。表 1-14 为驱动三菱第三代 IGBT 模块所推荐的 R_G 标准值。该标准值使用于 20kHz，低频下工作将此值再扩大 5～10 倍。R_G 的最佳值应当通过试验确定。

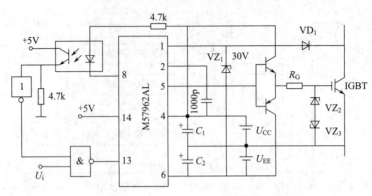

图 1-51　M57962AL 应用电路

表 1-14　推荐的 R_G 值

模块 600V	50A	75A	100A	150A	200A	300A	400A			
模块 1200V			50A	75A	100A	150A	200A	300A	400A	600A
R_G/Ω	13	8.3	6.3	4.2	3.1	2.1	1.6	1.0	0.78	0.52

四、IGBT 保护电路

对于 IGBT 的保护有：过载保护、栅极过压欠压保护、超出安全工作区保护、过压保护及过热保护等。

1. IGBT 负载短路保护

短路保护电路大致有四种类型，如图 1-52 所示是最简单的一种方法，它能快速检测出短路时过电流的产生电平，利用断开栅极信号的方法来实现。如何检测出过电流的电平，关键是提高电流检测速度与增强抗噪声干扰能力。这里检测电流传感器采用霍尔传感器 CT，用交流 CT 检测出电容的放电电流。这种方式因是快速切断大电流，所以浪涌电压高，只适用于较小容量的 IGBT 保护。

如图 1-53 所示是用间隙脉冲驱动方式保护 IGBT。当负载正常时，继续加栅极信号，当

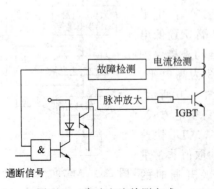

图 1-52　高速电流检测方式

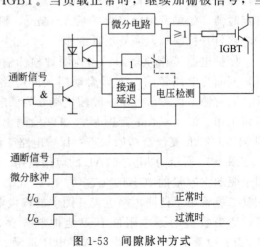

图 1-53　间隙脉冲方式

负载异常时，仅有间隙脉冲信号，不加后续的栅极信号。

如图 1-54 所示电路，负载正常时，用高速通断信号来驱动 IGBT，一旦发生过电流，就转换为栅极电压下降缓慢的信号，缓慢切断故障电流，减小由于电感电流变化产生的浪涌电压，在安全区内进行保护。

如图 1-55 所示电路为关断栅极控制方式，检测电路一旦检测到过电流，栅极电压就下降，从而限制故障电流。过电流如果持续，就切断栅极信号。这是一种抗干扰能力强、可靠性高的保护方式。

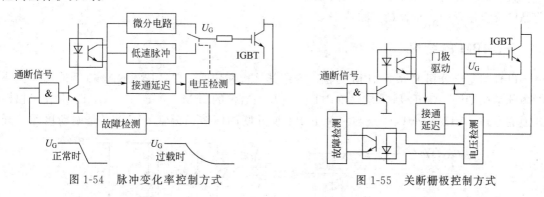

图 1-54　脉冲变化率控制方式　　　　图 1-55　关断栅极控制方式

2.浪涌电压吸收电路

IGBT 是一种安全工作区宽、使用简单的功率器件，但开关速度高易产生浪涌电压，因此一般要采用浪涌箝位电路。

如图 1-56 所示为典型的浪涌电压吸收电路。图 1-56（a）是非常简单的电路，只是在直流端子间接入小容量电容而已，适用于 50A 系列的 IGBT。图 1-56（b）电路是用 RCD 电路吸收较大的浪涌能量，用电容吸收高频浪涌电压，这种方式适应于中等容量变换器的 IG-BT。图 1-56（c）的电路是在各臂上接有 RCD 电路，元件并联时对于 1～2 个元件接入一组 RCD 电路。采用高速并具有软恢复特性二极管较佳。另外可在二极管两端并联陶瓷电容从而减小浪涌电压。图 1-56（d）和（e）所示电路吸收浪涌电压效果好，但损耗也大，因此应用于 IGBT 耐压余量小的场合。

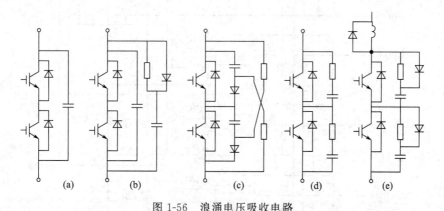

图 1-56　浪涌电压吸收电路

第六节　智能功率模块

将控制电路、保护电路、传感器和功率器件集成在一起并制成模块状，就构成智能功率

模块 (Intelligent Power Module，IPM)。IPM 除了具有功率器件能处理功率的能力外，还具有控制功能、接口功能和保护功能。控制功能的作用是：自动检测某些外部变量并调整功率器件的运行状态，以补偿外部参量的偏离。接口功能的作用是：接受并传递控制信号。保护功能的作用是：当出现过载、短路、过压、欠压、过热等非正常运行状态时，能测取相关信号并能进行调整保护，以使功率器件始终工作于安全区范围内。这种功率智能模块特别适应于电力电子技术高频化发展方向的需要。由于高度集成化，结构十分紧凑，避免了由于分布参数、保护延时等所带来的一系列技术难题。IPM 具有"智能"和"灵巧"的特色。目前已广泛应用于中、小容量变频器中。

一、IPM 的结构

以日本富士公司 R 系列 IPM 为例，介绍其结构和功能。7MBP100RA060 智能功率模块的内部结构如图 1-57 所示，是以 IGBT 为主开关器件的 IPM。$IGBT_1 \sim IGBT_6$ 组成三相桥式逆变电路，$VDF_1 \sim VDF_6$ 是与六个 IGBT 反并联的回馈二极管。$IGBT_7$ 是制动单元的开

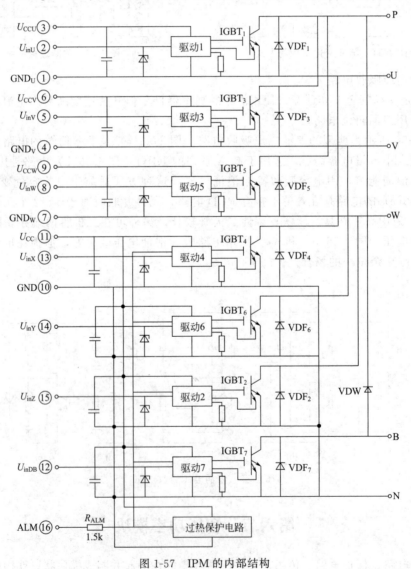

图 1-57　IPM 的内部结构

关管，VDW 是它的续流二极管。

图中驱动部分具有如下功能：①驱动放大信号；②短路保护（SC）；③控制电源欠电压保护（UV）；④IGBT 及 VDF、VDW 过电流保护（OC）；⑤IGBT 芯片过热保护（T_{joH}）。当 IGBT 过电流（OC）、IGBT 结温升高（T_{joH}）、外壳温度过高 T_{CDH}、负载短路（SC）和控制电源欠电压（UV）信号出现时，ALM 报警信号输出，使整个系统停止工作。图 1-57 中 IPM 的端子功能见表 1-15。

表 1-15　接线端子符号与含义

端子符号	含　义
P	变频装置整流、平波后主电源（U_d）输入端 P：+端；N：−端
N	
B	制动输出端子，减速时用以释放再生电能的端子
U	变频器三相输出端
V	
W	
(1)GND_U	上桥臂 U 相驱动电源（U_{CC}）输入端 U_{CCU}：+端；GND_U：−端
(3)U_{CCU}	
(4)GND_V	上桥臂 V 相驱动电源（U_{CC}）输入端 U_{CCV}：+端；GND_V：−端
(6)U_{CCV}	
(7)GNG_W	上桥臂 W 相驱动电源（U_{CC}）输入端 U_{CCW}：+端；GND_W：−端
(9)U_{CCW}	
(10)GND	下桥臂共用驱动电源（U_{CC}）输入端 U_{CC}：+端；GND：−端
(11)U_{CC}	
(2)U_{inU}	上桥臂 U 相控制信号输入端
(5)U_{inV}	上桥臂 V 相控制信号输入端
(8)U_{inW}	上桥臂 W 相控制信号输入端
(13)U_{inX}	下桥臂 X 相控制信号输入端
(14)U_{inY}	下桥臂 Y 相控制信号输入端
(15)U_{inZ}	下桥臂 Z 相控制信号输入端
(12)U_{inDB}	下桥臂制动单元控制信号输入端
(16)ALM	保护电路动作时间的异常信号为 ALM 输出

二、IPM 的特点

IPM 与常规 IGBT 相比具有以下特点。

（1）内含驱动电路　设定了最佳的 IGBT 驱动条件。驱动电路与 IGBT 间距离很短，输出阻抗很低，不需加反向偏压。所需控制电源为 4 组，上桥臂 3 组，互相独立；下桥臂三个驱动电路共用一组电源。

（2）内含过电流保护（OC）、短路保护（SC）　在芯片中用辅助 IGBT 作为电流传感器，电流小于主 IGBT 的 I_C，使检测功耗小、检测灵敏、准确，任何一个 IGBT 过电流均可受到保护。

（3）内含控制电源欠电压保护（UV）　每个驱动器自身都具有 UV 保护功能，当控制电压 U_{CC} 小于规定值 U_{vv} 时，进行欠电压保护。

（4）内含过热保护（OH）　OH 是防止主开关 IGBT 和续流二极管 VDF、VDW 过热的。IPM 内部的绝缘基板上设有温度检测元件，过热时输出壳温过高信号 T_{CDH}。在 IGBT 芯片内也设有温度检测元件，当芯片因冲击电流瞬时过热时，输出结温过高信号 T_{joH}。

（5）内含报警输出（ALM）　该信号送给控制系统中的微处理器，使系统停止工作。

（6）内含制动单元电路　$IGBT_7$ 为制动开关，在外电路端子 P 和 B 之间接入制动电阻，即可实现制动。

（7）散热效果好　采用陶瓷绝缘结构，可以直接安装在散热器上，散热效果好。

三、IPM 的型号及应用 IPM 时注意的问题

富士 R 系列 IPM 的型号含义如下所示：

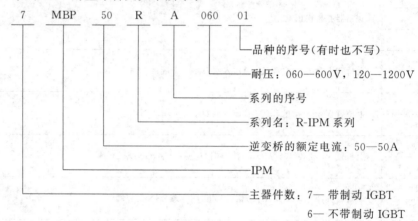

R 系列 IPM 产品额定参数如表 1-16 所示。

表 1-16　R 系列 IPM 产品额定参数

型　号	U_{CES}	有无制动单元	I_C 额　定	
			逆变器	制动器
7MBP50RA060			50A	30A
7MBP75RA060			75A	50A
7MBP100RA060		有	100A	50A
7MBP150RA060	600V		150A	50A
6MBP50RA060			50A	
6MBP75RA060			75A	
6MBP100RA060		无	100A	无
6MBP150RA060			150A	

使用 IPM 时应注意以下问题。

① 控制电源必须有 4 组，且互相绝缘。上桥臂 3 组，下桥臂及制动单元的驱动器共用 1 组。

② 4 组控制电源与主电源间必须加以绝缘。而且，随着 IGBT 的开关动作，该绝缘部位将受到很大的 $\mathrm{d}u/\mathrm{d}t$ 作用，因此要确保足够的距离，推荐大于 $2\mathrm{mm}$。

③ 下桥臂控制电源的 GND 和主电源的 GND 在 IPM 内部已连接好了，在 IPM 的外部绝对不要再连接。如果另外连接，则 IPM 的下桥臂内、外将由于 $\mathrm{d}i/\mathrm{d}t$ 而产生环流，易引起 IPM 的误动作，甚至有可能破坏 IPM 的输入电路。

④ 各控制电源常并联 $10\mu\mathrm{F}$ 和 $0.1\mu\mathrm{F}$ 的薄膜电容用于电源到 IPM 之间布线阻抗的退耦，且电容到 IPM 端子的布线尽量短。

如图 1-58 所示电路为含制动单元 IPM 的应用电路，该电路常应用于变频空调中。单相

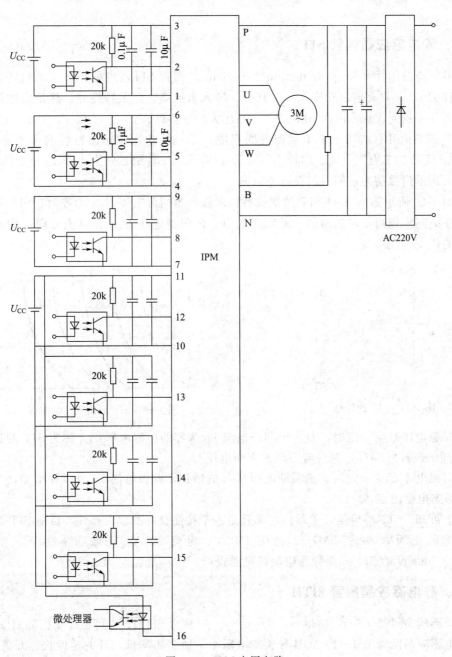

图 1-58 IPM 应用电路

交流电经整流、滤波转换为直流电，直接送入 IPM 智能模块，进行调压、调频的变换输出三相交流电，供给专用三相电机工作。其特点为电路简单，电机可以按要求连续运行，实现变频空调的性能指标。

第七节　其他新型电力电子器件

全控型电力电子器件除了 GTR、GTO、功率 MOSFET、IGBT 和智能功率模块外，还有 SIT、SITH、MCT、IEGT 等新型器件已进入了实用阶段，下面对这些器件作一简要的介绍。

一、静电感应晶体管 SIT

静电感应晶体管（Static Induction Transistor）简称 SIT，也称作功率结型场效应晶体管，简称 JFET。具有输出功率大、失真小、输入阻抗高、开关特性好、热稳定性好、抗辐射能力强等一系列优点，因而 SIT 适合作高压大功率器件。

每个 SIT 由几百或几千个单元孢并联而成，是一种非饱和输出特性的多子导电器件。如图 1-59 所示 SIT 有三个极：门极 G、漏极 D 和源极 S，SIT 分为 N 沟道和 P 沟道两种，图中箭头表示门源结为正偏时门极电流方向。

如图 1-60 所示为 N 沟道 SIT 的伏安特性曲线。当门源电压 U_{GS} 为零时，SIT 处于导通状态，在电路中相当于接触器的"常闭"触点，随门源电压 U_{GS} 在负值方向上的增加，则有不同的伏安特性曲线。

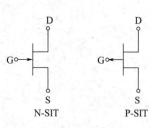

图 1-59　SIT 的符号

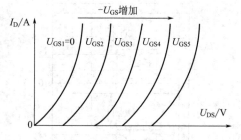

图 1-60　SIT 的伏安特性曲线

当漏源电压 U_{DS} 一定时，对应于漏极电流 I_D 为零的门源电压 U_{GS} 称为 SIT 的夹断电压 U_p，不同的漏源电压 U_{DS} 对应着不同的夹断电压 U_p。

当门源电压 U_{GS} 一定时，随漏源电压 U_{DS} 的增加，漏极电流 I_D 也线性增加，其大小由 SIT 的通态电阻决定。

由上可知，SIT 不但是开关器件，而且是一个特性良好的放大器件。目前 SIT 的制造水平已达到截止频率 $30\sim50\text{MHz}$、电压 1500V、电流 300A、耗散功率 3kW，并且已有 100kHz、200kW 的 SIT 式高频感应加热电源投产。

二、静电感应晶闸管 SITH

静电感应晶闸管（Static Induction Thyristor）简称为 SITH，也可称作场控晶闸管 FCT 或双极静电感应晶闸管 BSITH。它具有通态电阻小、通态压降低、开关速度快、开关损耗小、正向电压阻断增益高、开通和关断的电流增益大、di/dt 及 du/dt 的耐量高等特点。

SITH 是四层三端半导体器件，如图 1-61 所示为 SITH 的图形符号，SITH 有三个极：G 门极、A 阳极、K 阴极。一个 SITH 由几百、几千乃至上万个单胞并联于直径为十几毫米或几十毫米的芯片中构成。根据结构的不同，SITH 分为常开型和常关型器件，目前常开型器件发展速度较快；按 SITH 能否承受反压的特点，可分为反向阻断型和阳极发射极短路型两种。

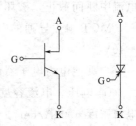

图 1-61　SITH 的图形符号

常开型 SITH 的导通和关断原理可用图 1-62 所示电路来说明：如图 1-62(a) 所示，当 S 开关打开，门极处于开路状态，阳极与阴极之间加以正向电压时，SITH 即有电流 I_A 从阳极向阴极流通。其导通特性和二极管特性相似，常开型 SITH 的伏安特性如图 1-63 所示。如图 1-62(b) 所示，当开关 S 闭合时，门极加以负电压，使门极-阴极结处于反向偏置状态，阳极和阴极之间的电流夹断。门极所加负电压越高，可关断的阳极电流也越大，被阻断的阳极电压也越高。

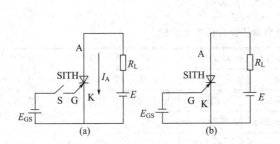

图 1-62　SITH 的导通和关断原理图

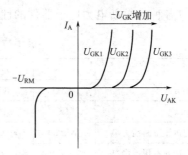

图 1-63　常开型 SITH 的伏安特曲线

目前 SITH 产品的容量已达到 1000A/2500V、2200A/450V、400A/4500V，工作频率可达到 100kHz 以上，并应用于高频感应加热电源中。

三、MOS 控制晶闸管

利用晶闸管高电压、大电流技术与功率 MOSFET 控制技术的综合，人们研制成功了功率 MOS 晶闸管复合器件，这种复合器件的基本结构是一个晶闸管与一个或几个 MOSFET 的集成，其中 MOS 控制晶闸管（MOS Controlled Thyristor）简称 MCT 发展较快。它是在晶闸管结构中集成了一对 MOSFET，通过 MOSFET 来控制晶闸管的导通和关断，如图 1-64(a) 所示为 P-MCT 的内部等效电路，N-MCT 与 P-MCT 的箭头方向相反。使 MCT 导通的 P 沟道 MOSFET 称为 ON-FET，使 MCT 关断的 N 沟道 MOSFET 称为 OFF-FET。图 1-64(b) 为 MCT 的图形符号，MCT 有三个极：阳极 A、阴极 K 和门极 G。

MCT 的控制信号以阳极为基准，当门极相当于阳极加负脉冲电压时，ON-FET 导通，它的漏极电流使 NPN 晶体管导通，NPN 晶体管又使 PNP 晶体管导通并形成正反馈的触发过程，于是 MCT 导通；当门极施加相当于阳极为正脉冲的电压时，OFF-FET 导通，PNP 晶体管因基极

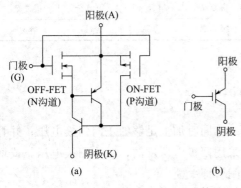

图 1-64　P-MCT 的等效电路及图形符号

电流中断而截止，破坏了正反馈过程，于是 MCT 关断。

MCT 触发导通的门极负脉冲幅度一般为 $-5\sim-15V$，关断的门极正脉冲幅度一般为 $+10V$。

与其他电力电子器件相比，MCT 具有以下优点。

① 电压、电流容量大，目前研制水平为阻断电压 3000V、峰值电流 1000A，最大关断电流密度 6000A/cm²。

② 通态压降小，约为 1.1V，仅是 IGBT 通态压降的 1/3。

③ di/dt 和 du/dt 耐量极高，可分别达到 $2000A/\mu s$ 和 $20000V/\mu s$。

④ 开关速度快，开通时间为 200ns，可在 $2\mu s$ 时间内关断 1000V 电压。

⑤ 工作温度高，其温度受限于反向漏电流，上限温度值可达 250～270℃。

⑥ 即使关断失败，器件也不会损坏。因此对驱动电路要求较低，其典型应用是用于逆变器、电机驱动和脉冲电路等。

各种自关断电力电子器件的性能比较如表 1-17 所示。

表 1-17 全控型电力电子器件的性能比较

器件名称	GTR	GTO	IGBT	MOSFET	SIT	SITH	MCT
控制方式	电流	电流	电压	电压	电压	电压	电压
常态	阻断	阻断	阻断	阻断	导通/关断	导通/关断	阻断
反向电压阻断能力/V	小于 50	500～6500	200～2500	0	0	500～4500	3000
正向阻断电压范围/V	100～1400	500～1100	200～4000	50～1000	50～1500	500～4500	3000
正向电流范围/A	400	6000(10000)	1800～20	100～12	200	2200	1000
正向导通电流密度/(A/cm²)	30	40	60	6	20	100～500	
浪涌电流容量	3 倍额定值	10 倍额定值	5 倍额定值	5 倍额定值	5 倍额定值	10 倍额定值	10 倍额定值
最大开关速度/kHz	5	10	50	20000	200000	100	20
门极驱动功耗	高	中等	很低	低	低	中等	低
du/dt	中等	低	高	高	高	高	高
di/dt	中等	低	高	高	高	中等	高
最高工作温度/℃	150	125	200	200	200	200	250
抗辐射能力	差	很差	中等	中等	好	好	中等
制造工艺	复杂	复杂	很复杂	很复杂	很复杂	很复杂	很复杂
使用难易程度	较难	难	中等	很容易	容易	容易	容易

小　结

普通晶闸管的导通条件是：①加正向阳极电压；②同时加上足够的正向门极电压；并且有足够的触发功率。要使晶闸管由导通变为关断常采用阳极电压反向，减小阳极电压，或增加回路阻抗等方式，使阳极电流小于维持电流，晶闸管即关断。

双向晶闸管可以等效为两个普通晶闸管反向并联，双向晶闸管可以双向导通，在选择双向晶闸管与普通晶闸管的电流参数时应注意：一个为电流的有效值，另一个为电流的平均值，且同时应留有足够的裕量。

GTR 是一种电流控制型可关断器件，应用达林顿结构形式的较多。应用中应注意二次击穿问题，对于其驱动电路尽量采用相应的驱动模块，同时采用必要的保护措施。

GTO 门极加正向电压时导通，加负电压时阻断，同时为保证其可靠阻断应使其门极反偏，是一种电流型控制器件。

功率 MOSFET 是一种较理想的电力电子器件，其门极驱动电路简单，便于实现对它的控制。IGBT 目前得到了广泛应用，常采用专用功率模块驱动，使用时应注意栅极串联电阻的选用。智能功率模块以 IGBT 为主开关器件且集驱动及各种保护于一体。

在电力电子器件应用中应注意电力电子器件的保护，防止过电流与过电压，保证驱动电路的正常工作。

思考题与习题

1.使晶闸管导通的条件是什么？

2.怎样才能使晶闸管由导通变为截止？

3.晶闸管的型号为 KP100-3，维持电流 $I_H = 4\text{mA}$，应用在如图 1-65 所示的三个电路中是否合理？为什么？（不考虑电压、电流的裕量）

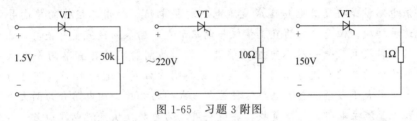

图 1-65　习题 3 附图

4.如何正确选择普通晶闸管与双向晶闸管的电压及电流参数？额定电流为 100A 的两个普通晶闸管反并联可用额定电流多大的双向晶闸管代替？

5.双向晶闸管有几种触发方式？有何不同？

6.如何简易测试普通晶闸管与双向晶闸管的好坏？

7.在选用 GTR 时应注意哪些参数？对触发电路有何要求？

8.GTR 在具体应用中有哪些保护措施？

9.对 GTO 的驱动电路有何要求？

10.分析如图 1-36～图 1-38 所示功率 MOSFET 的驱动电路的工作过程。

11.功率 MOSFET 并联运行时应注意哪些问题？

12.功率 MOSFET 与 IGBT 及 GTR 在结构上有何不同？它们的驱动电路可以互换吗？

13.IGBT 的驱动电路有哪些？介绍其典型应用电路及工作原理。其栅极串联电阻有何作用？应如何正确选择？

14.何谓智能功率模块？举例说明其特点及应用。

15.比较晶闸管与具有自关断能力的电力电子器件的不同，它们各有何应用？

第二章 晶闸管相控整流主电路

　　整流电路就是将交流电转变成直流电的转换电路。利用二极管的单向导电性可以实现这种转换，但是输出的直流量仅与电路形式及输入的交流量有关，输出量不可调，故这种转换电路是一种不可控的整流电路。晶闸管同时具有单向导电及可控特性，它所构成的相控整流电路可以通过改变晶闸管触发导通的时刻（即进行移相），把交流电变成大小可调的直流电，这种控制方式称为相控。该电路分为两大部分：一部分为相控整流主电路，连接负载，实现整流，为负载提供直流电源；另一部分为触发电路，控制晶闸管的门极信号，进行移相控制，实现直流电压大小的调节。

　　相控整流电路广泛用于实际生产与生活中，如电机调速、同步电机励磁调节、电镀、电解等。下面主要介绍最常用的单相及三相相控整流主电路。为了分析方便，把晶闸管和二极管看作理想元件，即导通时管压降为零；阻断时电阻为无穷大，漏电流为零；开通和关断瞬时完成；du/dt 和 di/dt 承受能力为无穷大。

第一节 单相相控整流主电路

用晶闸管组成的相控整流主电路有多种形式，同一种形式又有不同性质的负载，每一种电路的工作情况各不相同，需要分别进行分析。

一、单相半波相控整流主电路

（一）电阻性负载

1. 工作原理

　　图 2-1(a) 是单相半波电阻性负载相控整流主电路的原理图，由整流变压器 T_R、晶闸管 VT、负载电阻 R_d 构成。其中 u_1、u_2 分别为变压器初级、次级电压，u_d、i_d 分别为负载电压、电流瞬时值，u_T 为晶闸管端电压瞬时值。

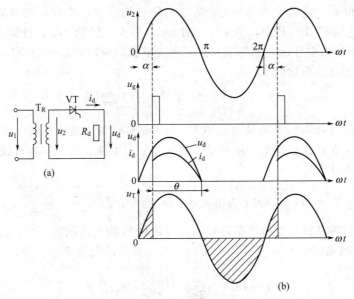

图 2-1　单相半波电阻性负载相控整流电路及波形

在电路中如将晶闸管换为二极管，则二极管开始流过电流的时刻称为"自然换相（流）点"。所以在单相半波电路中，交流电压由负过零的时刻为自然换相点，从自然换相点起到触发脉冲出现之间的电角度 α 称为控制角，或触发角、移相角。晶闸管在一个周期内导通的电角度 θ 称为导通角。

交流电压 u_2 在 ωt 从 0 到 α 期间通过 R_d 加到晶闸管的阳极和阴极之间，晶闸管承受正向的阳极电压，但由于门极无触发信号，所以晶闸管正向阻断。此期间，负载 R_d 上无电流流过，负载两端电压为零，晶闸管 VT 承受 u_2 电压，即 $i_d=0$，$u_d=0$，$u_T=u_2$。当 $\omega t=\alpha$ 时，触发电路送出触发脉冲 u_g，晶闸管立即导通直到 $\omega t=\pi$，此期间，电源电压 u_2 全部加到 R_d 上，$u_d=u_2$，晶闸管管压降忽略为零，电流 $i_d=\dfrac{u_d}{R_d}=\dfrac{u_2}{R_d}$ 与 u_d 波形相同，只是幅值可能不同（波形图中所示 i_d 比 u_d 幅值小）。当 $\omega t=\pi$ 时，u_2 下降到零，晶闸管因流过本身的阳极电流 i_d 也下降到零小于维持电流而关断。当 ωt 从 π 到 2π，u_2 为负值，晶闸管因承受反压而反向阻断，$u_T=u_2$。u_2 的下一个周期工作情况同上所述，循环往复，波形如图 2-1（b）所示。晶闸管可能承受的正反向最大电压 $U_{TM}=\pm\sqrt{2}U_2$。

从上述分析可知，当交流电压 u_2 的每一个周期都以相同的 α 加上触发脉冲时，负载 R_d 上就能得到稳定的缺角半波的脉动直流电压及电流波形。在单相半波电阻性负载相控整流电路中，α 在一个周期 2π 内变化时，当 $\alpha>\pi$ 晶闸管承受反压而不能被触发导通，所以 α 的变化范围即移相范围为 $0\sim\pi$，θ 为导通角，对应的变化范围为 $\alpha\sim\pi$ 二者关系满足

$$\alpha+\theta=\pi$$

2. 参数计算

（1）输出直流电压平均值 U_d　整流电路输出端得到的是脉动的直流电压，其大小是以平均值来衡量的。设交流电源电压 $u_2=\sqrt{2}U_2\sin\omega t$，根据平均值定义，$u_d$ 波形的平均值 U_d 为

$$U_d=\frac{1}{2\pi}\int_\alpha^\pi\sqrt{2}U_2\sin\omega t\,d(\omega t)=0.45U_2\frac{1+\cos\alpha}{2} \tag{2-1}$$

$$\frac{U_d}{U_2}=0.45\frac{1+\cos\alpha}{2} \tag{2-2}$$

由式(2-1)可见,直流平均电压 U_d 是控制角 α 的函数,改变 α 就可以实现对 U_d 从 0 到 $0.45U_2$ 之间连续调节。其中,当 $\alpha = 0$ 时,U_d 最大,计为 U_{d0},此时晶闸管的导通角 $\theta = \pi$,在 u_2 正半周内全导通,相当于二极管半波整流,所以 $U_{d0} = 0.45U_2$。

(2) 输出直流电流平均值 I_d

$$I_d = \frac{U_d}{R_d} = 0.45 \frac{U_2}{R_d} \frac{1+\cos\alpha}{2} \tag{2-3}$$

(3) 输出电压有效值 U 和电流有效值 I 由于是脉动的直流电压和电流,所以有效值与平均值并不相等。在计算选择变压器容量、晶闸管额定电流、熔断器和负载电阻的有功功率时,必须按有效值计算。

$$U = \sqrt{\frac{1}{2\pi}\int_\alpha^\pi (\sqrt{2}U_2 \sin\omega t)^2 \mathrm{d}(\omega t)} = U_2\sqrt{\frac{\pi-\alpha}{2\pi} + \frac{\sin2\alpha}{4\pi}} \tag{2-4}$$

晶闸管与负载串联接在变压器副边,所以输出的负载上的电流 i_d 与流过晶闸管的电流 i_T 及流过变压器副边的电流 i_2 相等,$i_d = i_T = i_2$,三者的有效值也相等。

$$I = I_T = I_2 = \sqrt{\frac{1}{2\pi}\int_\alpha^\pi \left(\frac{\sqrt{2}U_2}{R_d}\sin\omega t\right)^2 \mathrm{d}(\omega t)}$$

$$= \frac{U_2}{R_d}\sqrt{\frac{\pi-\alpha}{2\pi} + \frac{\sin2\alpha}{4\pi}} = \frac{U}{R_d} \tag{2-5}$$

(4) 电源供给的有功功率 P、视在功率 S 和功率因数 $\cos\varphi$ 当忽略晶闸管的损耗,电源供给的有功功率等于负载电阻上消耗的有功功率(注意:不是直流功率 P_d,$P_d = I_d^2 R_d$)。

$$P = I_2 R_d = UI = UI_2 \tag{2-6}$$

变压器副边的视在功率 $S = U_2 I_2 = U_2 I$,所以电源的功率因数为

$$\cos\varphi = \frac{P}{S} = \frac{UI}{U_2 I} = \sqrt{\frac{\pi-\alpha}{2\pi} + \frac{\sin2\alpha}{4\pi}} \tag{2-7}$$

应该指出的是,脉动直流电压 u_d 含有直流成分 U_d 和交流成分 $u_{d\sim}$,波形如图 2-2 所示。其中直流成分 U_d 的波形为一恒定的直线波形;交流成分 $u_{d\sim}$ 的波形为一周期性的非正弦波,由各次谐波分量组成,在数学上可由傅氏级数展开获得。例如单相半波($\alpha = 0$) 整流电压可分解成 $u_d = \sqrt{2}U_2\left[\frac{1}{\pi} + \frac{1}{2}\sin\omega t - \frac{2}{3\pi}\cos\omega t - \frac{2}{15\pi}\cos4\omega t\cdots\right]$,其中所含的直流成分为 $U_d = \frac{\sqrt{2}U_2}{\pi}$,其余分别为基波、二次谐波、四次谐波……如果用 U_R 表示各次谐波有效值之和,则脉动直流

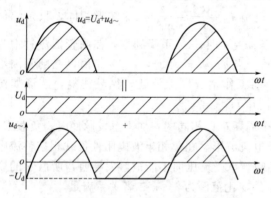

图 2-2 单相半波($\alpha = 0$)脉动直流电压波形

电压 u_d 的有效值 $U = \sqrt{U_R^2 + U_d^2}$,所以单相半波整流电路中 $U_d \neq U$。同理,脉动直流电流 $i_d = I_d + i_{d\sim}$。有功功率等于直流功率与各次谐波有功功率之和,即是

$$P = U_d I_d + U_1 I_1 \cos\varphi_1 + U_2 I_2 \cos\varphi_2 + \cdots = P_d + P_1 + P_2 + \cdots$$

由式(2-7)可见,尽管是电阻性负载,当 $\alpha = 0$ 时,$\cos\varphi = 0.707 < 1$,且 α 越大,$\cos\varphi$ 越小。这是由于谐波电流的存在,它占据了电源的无功功率。工业电热、电解、电焊、电镀等都属于电阻类负载。

【例 2-1】　单相半波相控整流电路，电阻性负载，$R_d = 5\Omega$，由 220V 交流电源直接供电，要求输出平均直流电压 50V，求晶闸管的控制角 α、导通角 θ、电源容量及功率因数，并选用晶闸管。

解　① 由于 $U_d = 0.45 U_2 \dfrac{1+\cos\alpha}{2}$，把 $U_d = 50V$，$U_2 = 220V$ 代入，可得 $\alpha = 89°$

② 导通角 $\theta = \pi - \alpha = 180° - 89° = 91° = 1.59\text{rad}$

③ 因为 $I_2 = \dfrac{U_2}{R_d}\sqrt{\dfrac{\pi-\alpha}{2\pi} + \dfrac{\sin 2\alpha}{4\pi}} = 22\text{A}$，所以电源容量 $S = U_2 I_2 = 4840\text{V}\cdot\text{A}$

④ 功率因数 $\cos\varphi = \dfrac{P}{S} = \dfrac{UI}{U_2 I} = \sqrt{\dfrac{\pi-\alpha}{2\pi} + \dfrac{\sin 2\alpha}{4\pi}} = 0.499$

⑤ 选用晶闸管　元件承受的最大电压 $U_{\text{Tm}} = \sqrt{2}U_2 = 311\text{V}$

$U_{\text{Tn}} = (2\sim 3)U_{\text{Tm}} = (2\sim 3)\times 311 = 622\sim 933\text{V}$，选取 800V。

流过晶闸管的电流的有效值 $I_T = I_2 = 22\text{A}$

晶闸管的额定电流 $I_{\text{T(AV)}} = (1.5\sim 2)\dfrac{I_T}{1.57} = (1.5\sim 2)\times\dfrac{22}{1.57} = 21\sim 28\text{A}$，选取 30A，所以选用晶闸管的型号为 KP30-8。

（二）电感性负载

电感性负载中既有电阻又有电感，且感抗与电阻的大小相比不可忽略。属于此类负载的有：各种电机的励磁绕组、经电抗器滤波的负载等。电感性负载与电阻性负载的工作情况大不相同，为了分析方便，通常把电阻 R_d 与电感 L_d 分开。单相半波电感性负载整流电路及整流波形如图 2-3 所示。

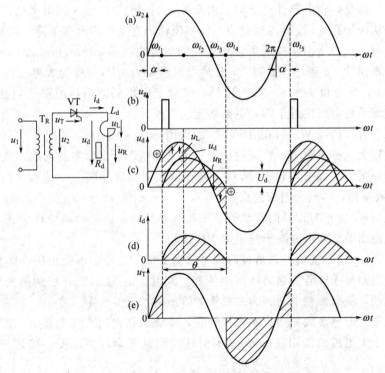

图 2-3　单相半波电感性负载相控整流电路及波形

1. 工作原理

$0\sim\omega t_1$ 期间：电源电压 u_2 虽然为正，但因无触发脉冲，晶闸管处于阻断状态，负载电压 u_d、电流 i_d 均为零，管子承受全部电源电压。

$\omega t_1\sim\omega t_2$ 期间：在 ωt_1 时刻，触发电路送出触发脉冲，晶闸管被触发导通，电源电压 u_2 突然加在负载上。由于 L_d 的作用，电流不能突变，i_d 只能从零逐渐增大，$u_2=L_d\dfrac{di_d}{dt}+i_dR_d$，到 ωt_2 时 i_d 已上升到最大值，即 $di_d/dt=0$，所以此时 $u_2=L_d\dfrac{di_d}{dt}+i_dR_d=i_dR_d=u_R$，$u_L=L_d\dfrac{di_d}{dt}=0$。这期间电源的能量，一部分变为磁场能储存在电感 L_d 中，一部分消耗在电阻 R_d 上。

$\omega t_2\sim\omega t_3$ 期间：由于 i_d 开始下降，L_d 两端的感应电势 u_L 反向，对晶闸管而言是正向电压，它阻碍 i_d 减小。在电感 L_d 的作用下，i_d 的减小总是要滞后于 u_2 的减小。到 ωt_3 时，u_2 已降为零，但 i_d 仍为正，晶闸管保持导通。这期间电源和电感同时向电阻提供能量。

$\omega t_3\sim\omega t_4$ 期间：u_2 过零变负，i_d 继续下降，但只要 $|u_L|>|u_2|$，晶闸管仍承受正向电压，因此在 u_2 负半波的一段时间内，晶闸管能继续保持导通。这期间，$u_L=L_d\dfrac{di_d}{dt}=u_2+i_dR_d$，$L_d$ 继续释放磁场能，一部分供给 R_d，另一部分回馈电源。下一个周期周而复始。

图 2-3(d) 中，阴影部分带箭头的直线长度表示 u_L 瞬时值（$u_L=u_d-u_R$），箭头向上表示 u_L 为正，箭头向下表示 u_L 为负。而"＋"、"－"两块阴影面积可表示电流的上升与下降量，两块阴影面积相等则表明电感吸收的能量与放出的能量相等。

由上述分析可见，在电感性负载时，由于 L_d 的作用使电流 i_d 波形平稳，延迟了晶闸管的关断时间，从而导致 u_d 波形出现负值，使整流输出直流平均电压下降。电感越大，u_d 波形的负值部分越多。对于不同控制角 α 和不同的负载阻抗角 $\varphi=\arctan(\omega L_d/R_d)$，晶闸管的导通角 θ 是不同的，α 越小，φ 越大，θ 越大。当 $\omega L_d\gg R_d$（称为大电感负载）时，对于不同的控制角 α，导通角 $\theta\approx2\pi-2\alpha$。这样，负载上所得到的电压波形正负面积近似相等，整流输出的直流平均电压接近于零，电路将无法工作。

2. 续流二极管（Free Wheeling Diode）的作用

为解决上述大电感负载时，整流输出的直流平均电压近似为零的问题，关键是使负载端电压波形不出现负值。如图 2-4(a) 所示，可在负载两端反并联一个续流二极管 VD，注意 VD 的极性不要接错，否则会引起短路。

当电源电压 u_2 为正时，晶闸管承受正压而触发导通，负载两端电压为正，二极管承受反压而截止，电压波形和电流波形与不加 VD 时相同。

当电源电压 u_2 过零变负时，负载两端电压也变负，二极管承受正压立即导通，电流 i_d 经负载电感、电阻与 VD 形成通路而继续流通。同时，u_2 经二极管加到晶闸管两端，使之承受反压而关断。负载两端电压即为二极管的管压降，近似为零。

单相半波带大电感负载并接续流二极管时，整流电路输出直流电压 u_d 波形和电阻性负载时一样。由于大电感的作用，电流 i_d 不但连续而且基本保持不变，接近于一条水平线，其脉动成分近似为零，有效值与平均值近似相等，$I=I_d=\dfrac{U_d}{R_d}$（纯电感并不消耗能量，u_d

中交流成分绝大部分降落在电感上，而直流成分全部降落在电阻上，平均电压 $U_{dL}=0$，$U_{dR}=U_d$，直流分量电流 I_d 只由 R_d 来决定）。应该指出，负载电流实际上由晶闸管 VT 和续流管 VD 二者承担，晶闸管导通时，电流由晶闸管提供，$i_d=i_T$，$\theta_T=\pi-\alpha$；晶闸管关断时，电流由续流管提供，$i_d=i_D$，$\theta_D=\pi+\alpha$。

3. 参数计算

如图 2-4 所示电路及波形，大电感负载时，VT、VD 电流波形为矩形波，计算公式如下。

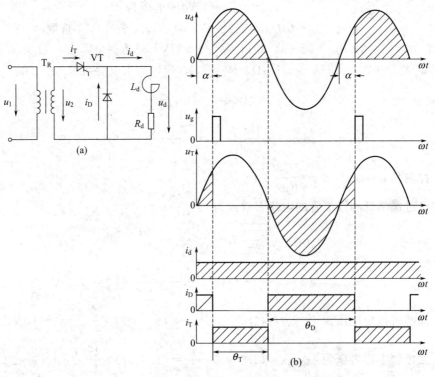

图 2-4　单相半波电感性负载带续流二极管相控整流电路及波形

流过晶闸管的电流平均值和有效值分别为

$$I_{dT}=\frac{\pi-\alpha}{2\pi}I_d \tag{2-8}$$

$$I_T=\sqrt{\frac{\pi-\alpha}{2\pi}}I_d \tag{2-9}$$

流过续流二极管的电流平均值和有效值分别为

$$I_{dD}=\frac{\pi+\alpha}{2\pi}I_d \tag{2-10}$$

$$I_D=\sqrt{\frac{\pi+\alpha}{2\pi}}I_d \tag{2-11}$$

晶闸管和续流管可能承受的最大电压为 $\sqrt{2}U_2$，移相范围与电阻性负载时相同，为 $0\sim\pi$。

由于电感性负载电流不能突变，电流变化缓慢，所以要求触发脉冲有足够的宽度，以免电流上升到擎住电流以前触发脉冲就已消失，晶闸管无法导通。今后为了分析方便，凡是大电感负载，就认为电感量足够大，使整流电流波形完全平直。所得结论在工程计算中也有一

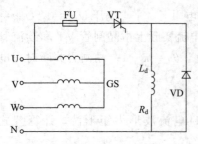

图 2-5 同步发电机自励电路

【**例 2-2**】 图 2-5 是中小型发电机采用的单相半波自励稳压相控整流电路，励磁线圈的电阻为 2Ω，电感量为 $0.1H$，相电压为 220V，要求励磁电压为 40V。试选择晶闸管和续流管的型号。

解 ① 晶闸管和续流管所承受的最大电压相等

$$U_{Tm} = U_{Dm} = \sqrt{2}U_2 = \sqrt{2} \times 220 = 311V$$

所以额定电压为

$$U_{Tn} = (2 \sim 3)U_{Tm} = (2 \sim 3) \times 311 = 622 \sim 933V \quad 选取 900V$$

$$U_{Dn} = (2 \sim 3)U_{Dm} = (2 \sim 3) \times 311 = 622 \sim 933V \quad 选取 900V$$

② $X_L = \omega L_d = 2\pi f L_d = 31.4\Omega \gg R_d = 2\Omega$，所以为大电感负载。

$$U_d = 0.45U_2 \frac{1 + \cos\alpha}{2}$$

$$\cos\alpha = \frac{2U_d}{0.45U_2} - 1 = \frac{2 \times 40}{0.45 \times 220} - 1 = -0.192$$

控制角 $\alpha = 101°$ $\quad I_d = \frac{U_d}{R_d} = 20A$

流过晶闸管和续流管的电流有效值为

$$I_T = \sqrt{\frac{\pi - \alpha}{2\pi}} I_d = \sqrt{\frac{180° - 101°}{2 \times 180°}} \times 20 = 9.4A$$

$$I_D = \sqrt{\frac{\pi + \alpha}{2\pi}} I_d = \sqrt{\frac{180° + 101°}{2 \times 180°}} \times 20 = 17.7A$$

晶闸管额定电压为 $I_{T(AV)} = (1.5 \sim 2)\frac{I_T}{1.57} = (1.5 \sim 2) \times \frac{9.4}{1.57} = 9 \sim 12A$，选 10A。

二极管额定电压为 $I_{D(AV)} = (1.5 \sim 2)\frac{I_T}{1.57} = (1.5 \sim 2) \times \frac{17.7}{1.57} = 16.9 \sim 22.6A$，选 20A

③ 所以晶闸管型号为 KP10-9，续流管型号为 ZP20-9。

二、单相全控桥式整流电路

单相半波整流电路结构简单，调试方便，投资小，但只有半周工作，输出的直流电压脉动大，整流变压器利用率低且有直流分量流过，所以一般只用在小容量且要求不高的场合。单相全控桥式整流电路可以减小直流电压脉动性，消除整流变压器直流分量，提高变压器利用率，所以在小容量装置中得到广泛应用。

（一）电阻性负载

电路如图 2-6(a) 所示，四只晶闸管 VT_1、VT_2、VT_3、VT_4 组成桥路。其中 VT_1、VT_2 阴极相连，为共阴极接法，VT_3、VT_4 阳极相连，为共阳极接法。

在电源电压 u_2 正半周时，VT_1、VT_3 承受正压，VT_2、VT_4 承受反压。在 α 时刻 VT_1、VT_3 获得触发脉冲而被触发导通，u_2 加到负载两端，$u_d = u_2$ 极性上正下负，电流 i_d 从 a 点经 VT_1、R_d、VT_3 流到 b 点，交流侧电流 i_2 从 b 流向 a。当 u_2 由正值降为 0 时，VT_1、VT_3 关断，直到 u_2 负半周 α 时刻，VT_2、VT_4 被触发导通，电流从 b 点经 VT_2、R_d、VT_4 流到 a 点，负载两端电压 u_d 仍然上正下负，大小与 u_2 相同，但方向相反 $u_d =$

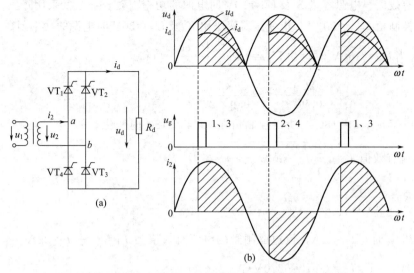

图 2-6　单相全控桥式电阻性负载相控整流电路及波形

$-u_2$，交流侧电流 i_2 反向，由 a 流向 b。这样，负载两端电压 u_d 为全波的缺角正弦波形。电流波形与电压波形相似，只是幅值可能不同。各波形如图 2-6(b) 所示。

如果四只管子阻抗相同，当全部处于截止状态时，各自承受电源电压 u_2 的一半，或正或负；当一组晶闸管导通时，另一组管子关断，关断的管子承受全部电源电压 u_2，且为负压，所以 $U_{Tm} = -\sqrt{2}U_2$。变压器副边电流 i_2 时正时负，正负波形相同，平均值为 0，所以变压器中没有直流电流分量流过，不会被直流磁化，可减小变压器的体积。

经波形分析可知移相范围为 $0 \sim \pi$，整流输出直流电压 U_d 是单相半波电阻性负载时的两倍。

$$U_d = \frac{1}{\pi} \int_{\alpha}^{\pi} \sqrt{2}U_2 \sin\omega t \, d(\omega t) = 0.9 U_2 \frac{1+\cos\alpha}{2} \tag{2-12}$$

负载电流平均值为

$$I_d = \frac{U_d}{R_d} = 0.9 U_2 \frac{1+\cos\alpha}{2R_d} \tag{2-13}$$

负载电流有效值与交流侧（变压器二次侧）电流有效值相等

$$I = I_2 = \sqrt{\frac{1}{\pi} \int_{\alpha}^{\pi} \left[\frac{\sqrt{2}U_2}{R_d} \sin(\omega t) \right]^2 d\omega t} = \frac{U_2}{R_d} \sqrt{\frac{1}{2\pi} \sin2\alpha + \frac{\pi-\alpha}{\pi}} \tag{2-14}$$

流过晶闸管电流的平均值为 $I_{dT} = \frac{1}{2} I_d$，流过晶闸管电流的有效值

$$I_T = \sqrt{\frac{1}{2}} I = \sqrt{\frac{1}{2}} I_2 \tag{2-15}$$

电源的功率因数为

$$\cos\varphi = \frac{P}{S} = \frac{UI}{U_2 I_2} = \frac{U}{U_2} = \sqrt{\frac{1}{2\pi} \sin2\alpha + \frac{\pi-\alpha}{\pi}} \tag{2-16}$$

当 $\alpha = 0°$ 时，$\cos\varphi = 1$，这是因为此时电流 i_2 为完整的正弦波。

【例 2-3】　某单相桥式全控整流电路给电阻性负载供电，要求整流输出电压 U_d 能在 $0 \sim$ 100V 内连续可调，负载最大电流为 20A。①由 220V 交流电网直接供电时，计算晶闸管的控制

角 α 和电流有效值、电源容量 S 及 $U_d = 30\text{V}$ 时电源的功率因数 $\cos\varphi$。②采用降压变压器供电，并考虑最小控制角 $\alpha_{\min} = 30°$ 时，求变压器变压比 K 及 $U_d = 30\text{V}$ 时电源的功率因数 $\cos\varphi$。

解 ① 当 $U_d = 100\text{V}$ 时，由 $U_d = 0.9U_2\dfrac{1+\cos\alpha}{2}$ 可得

$$\cos\alpha = \frac{2U_d}{0.9U_2} - 1 = \frac{2\times100}{0.9\times220} - 1 = 0.0101,\quad \alpha = 89.4°$$

当 $U_d = 0\text{V}$ 时，$\alpha = 180°$。所以控制角在 $89.4° \sim 180°$ 内变化。

负载电流有效值 $I = \dfrac{U_2}{R_d}\sqrt{\dfrac{1}{2\pi}\sin2\alpha + \dfrac{\pi-\alpha}{\pi}}$

其中 $R_d = \dfrac{U_{d\max}}{I_{d\max}} = \dfrac{100}{20} = 5\Omega$

当 $\alpha = 89.4°$ 时，$I = 31\text{A}$，流过晶闸管的电流有效值为 $I_T = \sqrt{\dfrac{1}{2}}\,I = 22\text{A}$

电源容量 $S = U_2 I_2 = U_2 I = 6820\text{V·A}$

当 $U_d = 30\text{V}$ 时，$\alpha = 134.2°$ 此时电源的功率因数为

$$\cos\varphi = \sqrt{\frac{1}{2\pi}\sin2\alpha + \frac{\pi-\alpha}{\pi}} = 0.31$$

② 当采用降压变压器，$U_1 = 220\text{V}$，$\alpha_{\min} = 30°$ 时，$U_{d\max} = 100\text{V}$
所以变压器副边电压为

$$U_2 = \frac{U_d}{0.45(1+\cos\alpha)} = 119\text{V}$$

变比

$$K = \frac{U_1}{U_2} = \frac{220}{119} \approx 2$$

当 $U_d = 30\text{V}$ 时，$\alpha = 116°$，此时电源的功率因数为

$$\cos\varphi = \sqrt{\frac{1}{2\pi}\sin2\alpha + \frac{\pi-\alpha}{\pi}} = 0.48$$

由此可见，在计算晶闸管、变压器电流时应计算最大值。整流变压器的作用不仅能使整流电路与交流电网隔离，还可以通过合理选择 U_2，提高电源功率因数、降低晶闸管所承受电压的最大值和减小电源容量，减小相控整流电路中高次谐波对电网的影响。

（二）大电感负载

电路如图 2-7（a）所示，在负载端串入电感量足够大的平波电抗器，即为大电感负载。该电路的工作情况与电阻性负载时不同之处在于当电源电压 u_2 由正变零时，由于电感释放能量，电流 i_d 尚未下降到零，VT_1、VT_3 继续保持导通。负载两端电压 u_d 出现负值，直到 u_2 负半周 $\omega t = \pi + \alpha$ 时，VT_2、VT_4 被触发导通而换流，同时 VT_1、VT_3 因承受反压而关断。同理 VT_2、VT_4 要一直导通到下一个周期时因 VT_1、VT_3 被触发导通才关断。显然，每一个周期内一个晶闸管导通 $180°$，负载电流 i_d 因电感感抗很大，电流纹波小，因而可认为其波形是水平直线，各波形如图 2-7（b）所示。

值得注意的是，大电感性负载可以维持电流连续，当 $\alpha > 90°$，u_d 波形正负面积接近相等，且电感能量放完还未换流时，则电流下降到零，原本导通的晶闸管关断，电流出现断续，使直流输出平均电压 $U_d \approx 0$，所以，实际移相范围为 $0 \sim \dfrac{\pi}{2}$。

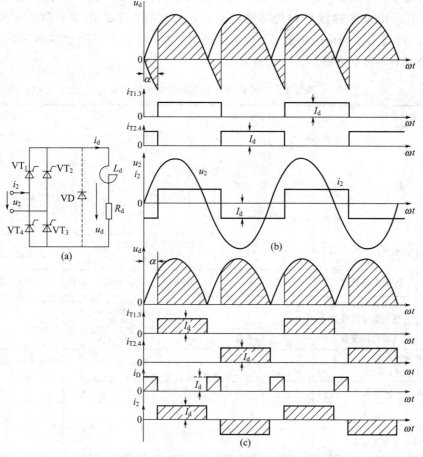

图 2-7　单相全控桥式电感性负载相控整流电路及波形

整流输出电压平均值 U_d 为

$$U_d = \frac{1}{\pi} \int_\alpha^{\pi+\alpha} \sqrt{2} U_2 \sin\omega t \, d(\omega t) = 0.9 U_2 \cos\alpha \qquad (2\text{-}17)$$

负载电流近似为恒定直流电流无交流分量，其平均值与有效值相等

$$I_d = I = \frac{U_d}{R_d}$$

流过晶闸管的电流 i_T 为周期性的矩形波，其平均值为 $I_{dT} = \dfrac{1}{2} I_d$，有效值为

$$I_T = \sqrt{\frac{1}{2}} I_d$$

流过变压器副边的电流 i_2 为对称的正负矩形波，其有效值为 $I_2 = I = I_d$，有较强的谐波电流分量通过变压器耦合流入电网。

负载消耗的有功功率只与电阻有关，所以 $P = I^2 R_d = I_d^2 R_d = U_d I_d = P_d$，可见有功功率与直流功率相等，这是因为负载电流无交流分量，各次谐波功率为 0。注意大电感负载时 $P \neq UI$，$P = U_R I_R = U_d I_d$，$\cos\varphi = \dfrac{P}{S} = \dfrac{U_d I_d}{U_2 I_2} = \dfrac{U_d I_2}{U_2 I_2} = 0.9\cos\alpha$，可见 $\alpha = 0$ 时 $\cos\varphi = 0.9$，这是因为 i_2 为矩形波，非正弦波，存在谐波电流，占据了电路的无功功率。

上面讨论分析了电感足够大的情况，电流保持连续。但实际 L_d 不可能太大，为了扩大移相范围，保证电流的连续性和提高输出整流电压，可在负载两端反向并接续流二极管 VD。这样，u_d 波形不会出现负值，与电阻性负载时相同，波形见图 2-7(c)，工作原理请自行分析，公式不再重复推导，其结果列于表 2-1。

表 2-1　常用单相相控整流电路参数比较

电路名称		单相半波	单相全控桥式	单相半控桥式
电路图				
整流电压 U_d	电阻负载或大电感负载接续流管	$0.45U_2\dfrac{1+\cos\alpha}{2}$	$0.9U_2\dfrac{1+\cos\alpha}{2}$	$0.9U_2\dfrac{1+\cos\alpha}{2}$
	大电感负载	—	$0.9U_2\cos\alpha$	$0.9U_2\dfrac{1+\cos\alpha}{2}$
移相应用	电阻负载或大电感负载接续流管	$0°\sim180°$	$0°\sim180°$	$0°\sim180°$
	大电感负载	—	$0\sim90°$	—
晶闸管承受正反向最大电压		$\sqrt{2}U_2$	$\sqrt{2}U_2$	$\sqrt{2}U_2$
整流管承受反向最大电压		—	—	$\sqrt{2}U_2$
晶闸管平均电流 I_{dT}		I_d	$\dfrac{1}{2}I_d$	$\dfrac{1}{2}I_d$
整流管平均电流 I_{dD}				$\dfrac{1}{2}I_d$
晶闸管电流有效值 I_T	大电感负载接续流管	$\sqrt{\dfrac{180°-\alpha}{360°}}I_d$	$\sqrt{\dfrac{180°-\alpha}{360°}}I_d$	$\sqrt{\dfrac{180°-\alpha}{360°}}I_d$
	大电感负载		$\dfrac{1}{\sqrt{2}}I_d$	$\dfrac{1}{\sqrt{2}}I_d$
整流管电流有效值 I_D	大电感负载接续流管			$\sqrt{\dfrac{180°-\alpha}{360°}}I_d$
	大电感负载			—
续流管电流有效值		$\sqrt{\dfrac{180°+\alpha}{360°}}I_d$	$\sqrt{\dfrac{\alpha}{180°}}I_d$	$\sqrt{\dfrac{\alpha}{180°}}I_d$
续流管承受反向最大电压		$\sqrt{2}U_2$	$\sqrt{2}U_2$	$\sqrt{2}U_2$
特点与使用场合		线路最简单,用于波形要求不高的小电流负载	各项指标好,用于要求较高或要求逆变的小功率场合	各项指标好,不可逆变的小功率场合
电路名称		单相全波	单相半控桥式	单相半控桥式
电路图				

电路名称		单相全波	单相半控桥式	单相半控桥式
整流电压 U_d	电阻负载或大电感负载接续流管	$0.9U_2\dfrac{1+\cos\alpha}{2}$	$0.9U_2\dfrac{1+\cos\alpha}{2}$	$0.9U_2\dfrac{1+\cos\alpha}{2}$
	大电感负载	$0.9U_2\cos\alpha$	$0.9U_2\dfrac{1+\cos\alpha}{2}$	—
移相应用	电阻负载或大电感负载接续流管	$0°\sim180°$	$0°\sim180°$	$0°\sim180°$
	大电感负载	$0°\sim90°$	$0°\sim180°$	—
晶闸管承受正反向最大电压		$2\sqrt{2}U_2$	$\sqrt{2}U_2$	$\sqrt{2}U_2$
整流管承受反向最大电压		—	$\sqrt{2}U_2$	$\sqrt{2}U_2$
晶闸管平均电流 I_{dT}		$\dfrac{1}{2}I_d$	$\dfrac{1}{2}I_d$	—
整流管平均电流 I_{dD}		—	$\dfrac{1}{2}I_d$	$\dfrac{1}{2}I_d$
晶闸管电流有效值 I_T	大电感负载接续流管	$\sqrt{\dfrac{180°-\alpha}{360°}}I_d$	—	$\sqrt{\dfrac{180°-\alpha}{360°}}I_d$
	大电感负载	$\dfrac{1}{\sqrt{2}}I_d$	$\sqrt{\dfrac{180°-\alpha}{360°}}I_d$	—
整流管电流有效值 I_D	大电感负载接续流管	—	—	$\sqrt{\dfrac{180°-\alpha}{360°}}I_d$
	大电感负载	—	$\sqrt{\dfrac{180°+\alpha}{360°}}I_d$	—
续流管电流有效值		$\sqrt{\dfrac{\alpha}{180°}}I_d$	—	$\sqrt{\dfrac{\alpha}{180°}}I_d$
续流管承受反向最大电压		$\sqrt{2}U_2$	—	$\sqrt{2}U_2$
特点与使用场合		较简单,用于波形要求稍高的低压小电流场合	各项指标好,且大电感负载时不会出现失控现象	用于要求不高的小功率负载,且能提供不变的另一组直流电压

【例 2-4】　单相全控桥式整流电路大电感负载如图 2-7 所示,已知电感量足够大,电阻 $R_d=10\Omega$,若要求 U_d 在 $0\sim200$V 内连续可调,且 $\alpha_{\min}=30°$,请就不接续流二极管和接续流二极管两种情况,选择晶闸管的型号。

解　输出的最大电流为 $I_d=\dfrac{200}{10}=20(\text{A})$

① 不接续流二极管时 $I_T=\sqrt{\dfrac{1}{2}}I_d=14.1(\text{A})$,$U_2=\dfrac{U_d}{0.9\cos30°}=257(\text{V})$

所以晶闸管的额定电流 $I_{T(AV)}=(1.5\sim2)\dfrac{I_T}{1.57}=13.5\sim18\text{A}$,选 20A

额定电压为 $U_{Tn}=(2\sim3)U_2=514\sim771\text{V}$,选 800V。

所以选择型号为 KP20-8。

② 接续流二极管时

$I_T=\sqrt{\dfrac{180°-30°}{360°}}I_d=12.9\text{A}$,$U_d=0.9U_2\dfrac{1+\cos\alpha}{2}$ 得 $U_2=238(\text{V})$。

所以晶闸管的额定电流 $I_{T(AV)}=(1.5\sim2)\dfrac{I_T}{1.57}=12.3\sim16.4(\text{A})$,选 20A。

额定电压为 $U_{\text{Tn}} = (2\sim3)U_2 = 476\sim714\text{V}$，选 800V。

所以选择型号为 KP20-8。

（三）反电动势负载（Back EMF Load）

当相控整流电路的负载是蓄电池或直流电动机的电枢时，由于这些负载本身是一个直流电源，所以称为反电动势负载。假设负载为蓄电池，电路如图 2-8（a）所示，E 为蓄电池电动势，R_d 为包括蓄电池内阻在内的负载回路总电阻。

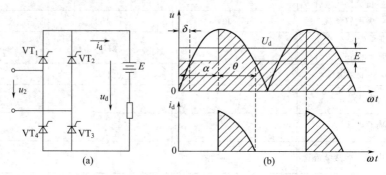

图 2-8　单相全控桥式反电动势负载相控整流电路及波形

显然，只有当电源电压 u_2 大于反电势 E 时才可能触发导通晶闸管。同样，一旦 u_2 下降小于 E，晶闸管关断。图中 δ 为停止导电角，δ 等于从自然换相点到 $u_2 = E$ 时所对应的电角度 $\delta = \arcsin\dfrac{E}{\sqrt{2}U_2}$，在 δ 内无论有无触发脉冲，晶闸管承受反压不能导通。这相当于自然换相点后移 δ 角，而导电的终止提前了 δ 角。晶闸管导通角 $\theta = \pi - \alpha - \delta$。当晶闸管导通时，$u_d = u_2 = E + i_d R_d$，关断时 $u_d = E$。因此在反电动势负载时，u_d 波形出现台阶，平均直流电压 U_d 升高。

当 $\alpha < \delta$ 且脉冲在 $\omega t = \delta$ 时刻已经消失时，晶闸管截止，输出电压平均值为 $U_d = E$；当 $\delta \leqslant \alpha < \pi - \delta$ 时，输出电压平均值 $U_d = \dfrac{1}{\pi}\displaystyle\int_{\alpha}^{\pi-\delta}(\sqrt{2}U_2\sin\omega t - E)\mathrm{d}(\omega t) + E$；当 $\alpha < \delta$ 但门极触发脉冲宽度足够大直到 $\omega t = \delta$ 时还未消失，则输出电压平均值为 $U_d = \dfrac{1}{\pi}\displaystyle\int_{\alpha}^{\pi-\delta}(\sqrt{2}U_2\sin\omega t - E)\mathrm{d}(\omega t) + E$。

负载电流 $i_d = \dfrac{u_d - E}{R_d}$，呈脉动波形，底部窄、幅值高、脉动大、电流出现断续，且 E 越大，θ 越小，断续越严重。对直流电动机负载来说，会使机械特性变软，电机换向时容易产生火花，同时要求晶闸管和电源容量增大，但这种断续高幅值电流却有利于蓄电池充电。

对直流电动机负载，为改善电流波形，往往在电枢回路中串入平波电抗器，电路与波形如图 2-9 所示，晶闸管触发导通的情况与无电感时相同，但关断情况却不同。因为电路中有了电感，使电源电压 u_2 在小于反电动势 E 时，晶闸管仍然导通。如果电感量足够大，可以使负载电流连续，u_d、i_d 波形与大电感负载时相同，如图 2-9（b）所示。这样不仅抑制了电流的峰值，使 i_d 变得平直，还使晶闸管的导通时间延长，大大减小了电流的有效值。

图 2-9（c）为串联平波电抗器电感量不够大或负载电流 i_d 很小引起电流断续时的波形。由于 i_d 断续，所以 u_d 波形出现台阶，但 i_d 脉动情况仍然比不串电感器时有所改善。对于小容量的直流电动机，电枢电感较大也可不串平波电抗器。

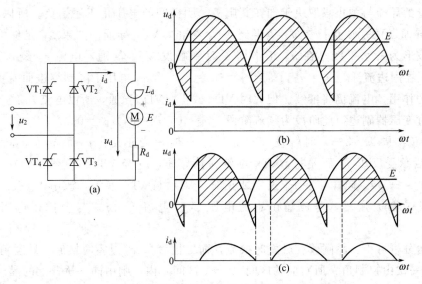

图 2-9　串平波电抗器反电动势负载相控整流电路及波形

三、单相半控桥式整流主电路

电路如图 2-10(a) 所示，单相半控拷式电路采用共阴接法的是两只晶闸管 VT_1、VT_2，而采用共阳接法的是两只大功率二极管 VD_1、VD_2。电路在电阻性负载时的工作情况与全控桥式电路完全相同，因此现在只讨论电感性负载时的工作情况。

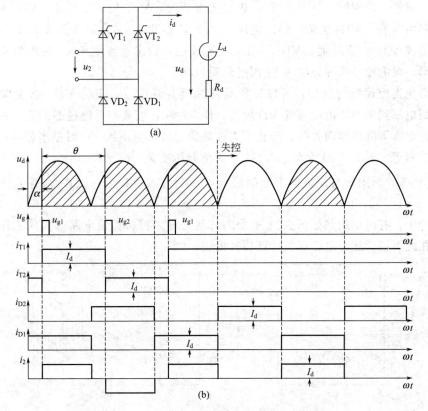

图 2-10　单相半控桥式相控整流电路及波形

二极管的导通与截止只取决于加在其阳极、阴极间的电压是正还是负。所以在 u_2 正半周，VD_1 导通，VD_2 截止；在 u_2 负半周 VD_1 截止，VD_2 导通。如果 L_d 足够大，负载电流连续且波形为一水平线。在 u_2 正半周 α 时刻触发 VT_1 导通，电流 i_d 经 VT_1、负载、VD_1、变压器副边流通，$u_d = u_2$，$i_2 = i_T = i_{D1} = i_d$，当 u_2 电压下降到零进而变负时，由于电感电势的作用，电流仍将继续。但此时 VD_1 截止，VD_2 导通，所以电流 i_d 经 VT_1，VD_2 流通不经过变压器副边，此阶段为续流阶段。$u_d = 0$，$i_2 = 0$，$i_{D1} = 0$。

在 u_2 负半周 $\omega t = \pi + \alpha$ 时触发 VT_2，VT_2 此时承受正压 $-u_2$ 而导通，同时 VT_1 因 VT_2 导通后承受反压 u_2 而关断，VD_2 继续保持导通，i_d 经 VT_2、负载、VD_2、变压器副边流通，$u_d = -u_2$。同样，在 u_2 过零变正时，VD_1 与 VD_2 换流，改由 VT_2、VD_1 续流。波形如图 2-10(b) 所示，整流输出直流电压 U_d、电流 I_d 公式与全控桥电阻性负载时相同。

由上面分析可得：晶闸管在触发时换流，而二极管在 u_2 过零时换流，导通角 $\theta_T = \theta_D = \pi$；而在每一次由控制角 α 所对应的区间（$0 \sim \alpha$ 区间）内，则由同一桥臂上的晶闸管和二极管（VT_1 与 VD_2 或 VT_2 与 VD_1）为负载续流，且在续流期间，变压器副边绕组 $i_2 = 0$，在其余时间由相邻桥臂上的晶闸管和二极管（VT_1 与 VD_1 或 VT_2 与 VD_2）整流输出。

上述电路在实际运行中，如果突然丢失触发脉冲（或将控制角移到大于 π），就会发生某一晶闸管一直导通，两个二极管轮流导通的异常现象，称为"失控"。例如 VT_1 导通后，立即切断触发电路，使 VT_2 触发脉冲丢失。则在 u_2 负半周 VT_2 因无触发脉冲而无法导通，如果 L_d 足够大，一直维持电流连续，那么在整个 u_2 负半周都由 VT_1，VD_2 续流直到 u_2 过零变正。显然，此期间 $u_d = 0$。当 u_2 再过零变正时，VT_1 仍继续导通，VD_2 截止，VD_1 导通，电路由 VT_1、VD_1 整流，输出电压 $u_d = u_2$，直到 u_2 又由正变负改为 VT_1、VD_2 续流。这样形成 VT_1 一直导通，VD_1、VD_2 轮流导通，输出直流电压 u_d 波形为不可控的正弦半波波形，可能使一直导通的 VT_1 因过热而损坏。

为了避免失控现象的发生，可以在负载两端反并联续流二极管 VD。接上续流二极管后，当电源电压到零时，由续流管 VD 续流，使 $u_d \approx 0$，电流不再经过晶闸管，所以迫使流过晶闸管的电流下降到零而关断，防止了失控现象。波形与不接 VD 时基本相同，只是晶闸管、整流二极管、续流二极管在 2π 内的导通角有所变化。$\theta_T = \theta_{D1} = \pi - \alpha$，$\theta_D = 2\alpha$，其移相范围为 $0 \sim \pi$，晶闸管与二极管承受的最大电压为 $U_{TM} = U_{DM} = \sqrt{2} U_2$，有关计算公式见表 2-1。

在生产中，有时也用到如图 2-11 所示的其他几种半控桥整流电路。具体工作过程请自行分析。在此不再详述，电路有关计算公式见表 2-1。

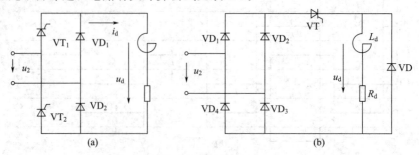

图 2-11　其他形式的单相半控桥式整流电路

单相相控整流电路使用元件少，结构简单，调整容易，但输出电压脉动大，容易造成三相交流电网不平衡，所以单相相控整流装置只用在几千瓦以下的中小容量的设备上。如果负载较大，则一般采用三相相控整流电路。

第二节　三相相控整流主电路

三相相控整流主电路形式很多，有三相半波（三相零式）、三相全控桥式、三相半控桥式、双反星形以及适用于大功率的十二相整流电路等。其中三相半波相控整流电路是最基本的组成形式，其他电路可看成是它的串联或并联。下面着重讨论几种常用电路的工作原理。

一、三相半波相控整流主电路

在讲述三相半波相控整流主电路之前，有必要先分析由功率二极管构成的三相半波不可控整流电路，电路及波形图如图 2-12 所示。三相整流变压器原边接成三角形，副边接成星形，零线与负载的一端相连，所以三相半波电路又称三相零式电路。副边相电压有效值为 $U_{2\varphi}$，线电压有效值为 U_{21}，三相电压表达式为

$$u_U = \sqrt{2}U_{2\varphi}\sin\omega t$$

$$u_V = \sqrt{2}U_{2\varphi}\sin(\omega t - 120°)$$

$$u_W = \sqrt{2}U_{2\varphi}\sin(\omega t + 120°)$$

三相电源电压波形的正半波交点分别为 1、3、5，负半波交点分别为 2、4、6。二极管只要阳极电位高于阴极电位就导通，三只二极管共阴极接法，阳极分别接到变压器副边，所以只有在相电压的瞬时值为正并且正电压最高的一相所接的二极管才能导通，其余两只必然承受反压而阻断。

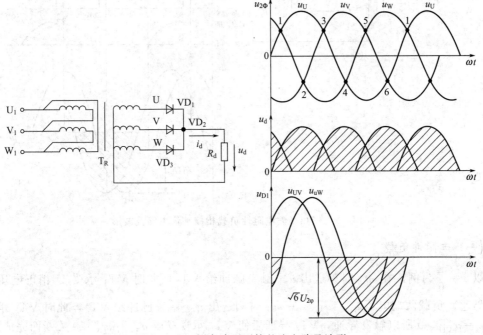

图 2-12　三相半波不可控整流电路及波形

例如　从1点到3点之间U相电压最高，VD₁导通，而VD₂承受的阳极电压为$u_{VU}<0$，VD₃承受的阳极电压为$u_{WU}<0$，所以VD₂、VD₃截止。同理从3点到5点之间V相电压最高，转为VD₂导通；从5点到1点之间W相电压最高，转为VD₃导通。三只二极管依次轮流导通，分别在1点、3点、5点进行换相，由后一相管子导通替换前一相管子导通。每一只管子导通$\frac{2}{3}\pi$，除换相时任何时刻只有一只二极管导通。所以1、3、5点称作U、V、W三相在正半周的自然换相点，也是三相半波相控整流电路的自然换相点。负载两端电压u_d波形为三相电源电压正向包络线，其平均值为

$$U_d = \frac{1}{2\pi/3}\int_{\pi/6}^{5\pi/6}\sqrt{2}U_{2\varphi}\sin\omega t\,\mathrm{d}(\omega t) = 1.17U_{2\varphi} \tag{2-18}$$

二极管导通时管压降近似为零；截止时两端电压等于本相与其他导通相之间的线电压。例如：当VD₂导通时，$u_{D1}=u_{UV}$；当VD₃导通时，$u_{D1}=u_{UW}$。所以二极管承受的最大反向电压为$U_{DM}=\sqrt{6}U_{2\varphi}$。

将整流二极管换成晶闸管则构成三相半波相控整流电路，电路及波形图如图2-13所示。各相自然换相点为各相控制角α的起算点，即在该点$\alpha=0$，触发脉冲相距对应相电压原点$\alpha+\frac{\pi}{6}$电角度。

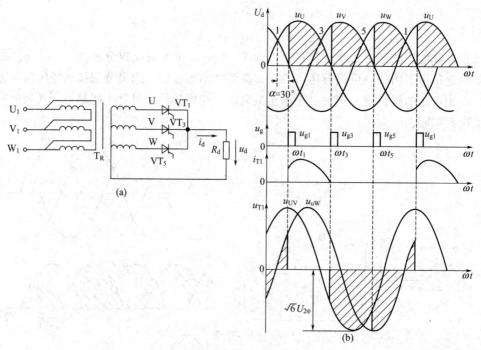

图 2-13　三相半波电阻性负载相控整流电路及波形

（一）电阻性负载

以$\alpha=\frac{\pi}{6}$为例，在ωt_1时刻送出u_{g1}触发脉冲给VT₁，此时VT₁承受U相正电压而被触发导通，负载两端电压$u_d=u_U$。在ωt_3时刻送出u_{g3}触发脉冲给VT₃，此时VT₃承受正压$u_{T3}=u_{VU}>0$所以触发导通，VT₃导通后使VT₁承受反压$u_{T1}=u_{UV}<0$关断而完成换相，$u_d=u_V$。同理，到ωt_5时刻送出u_{g5}触发脉冲给VT₅，完成VT₅与VT₃的换相，$u_d=u_W$。

分析波形不难发现，当 $\alpha > \dfrac{\pi}{6}$ 时，直流电压 u_d、电流 i_d 波形出现断续。这是因为每相晶闸管导通到本相电压过零处由于电流下降到零而关断，而后一相触发脉冲未到使后一相晶闸管无法导通。另外，当 $\alpha \geqslant 150°$ 时，即使有触发脉冲，但相电压变负，晶闸管无法被触发导通，所以移相范围为 $0 \sim \dfrac{5}{6}\pi$。晶闸管可能承受的最大电压为 $U_{TM} = \sqrt{6}U_{2\varphi}$。

整流输出的平均直流电压为

$$U_d = \frac{1}{2\pi/3}\int_{\alpha+\frac{\pi}{6}}^{\alpha+\frac{5\pi}{6}}\sqrt{2}U_{2\varphi}\sin\omega t\,\mathrm{d}(\omega t) \qquad (0 \leqslant \alpha \leqslant \frac{\pi}{6}，波形连续)$$

$$= 1.17U_{2\varphi}\cos\alpha \tag{2-19}$$

$$U_d = \frac{1}{2\pi/3}\int_{\alpha+\frac{\pi}{6}}^{\pi}\sqrt{2}U_{2\varphi}\sin\omega t\,\mathrm{d}(\omega t) \qquad (\frac{\pi}{6} \leqslant \alpha \leqslant \frac{5\pi}{6}，波形断续)$$

$$= 0.675U_{2\varphi}\left[1+\cos\left(\frac{\pi}{6}+\alpha\right)\right] \tag{2-20}$$

由于是电阻性负载，i_d 波形与 u_d 波形相同，仅差 R_d 比例系数，所以负载的平均电流为 $I_d = U_d/R_d$，流过晶闸管的平均电流 $I_{dT} = \dfrac{1}{3}I_d$，电流的有效值为

$$I_T = I_2 = \sqrt{\frac{1}{2\pi}\int_{\frac{\pi}{6}+\alpha}^{\frac{5\pi}{6}+\alpha}\left[\frac{\sqrt{2}U_{2\varphi}}{R_d}\sin\omega t\right]^2\mathrm{d}(\omega t)} \qquad \left[0 \leqslant \alpha \leqslant \frac{\pi}{6}\right]$$

$$= \frac{\sqrt{2}U_{2\varphi}}{R_d}\sqrt{\frac{1}{2\pi}\left[\frac{\pi}{3}+\frac{\sqrt{3}}{4}\cos2\alpha\right]} \tag{2-21}$$

$$I_T = I_2 = \sqrt{\frac{1}{2\pi}\int_{\frac{\pi}{6}+\alpha}^{\pi}\left[\frac{\sqrt{2}U_{2\varphi}}{R_d}\sin\omega t\right]^2\mathrm{d}(\omega t)} \qquad \left[\frac{\pi}{6} \leqslant \alpha \leqslant \frac{5\pi}{6}\right]$$

$$= \frac{\sqrt{2}U_{2\varphi}}{R_d}\sqrt{\frac{1}{2\pi}\left[\frac{5\pi}{12}-\frac{\alpha}{2}+\frac{1}{4}\sin\left(\frac{\pi}{3}+2\alpha\right)\right]} \tag{2-22}$$

(二) 大电感负载

图 2-14 是三相半波大电感负载相控整流电路及波形图，当 $0 \leqslant \alpha \leqslant \dfrac{\pi}{6}$，$u_d$ 波形与电阻性负载时相同，只是 i_d 波形近似为一条水平线。当 $\dfrac{\pi}{6} \leqslant \alpha \leqslant \dfrac{5\pi}{6}$ 时，电感性负载两端电压波形与电流波形连续，电压波形出现负值。以 $\alpha = \dfrac{\pi}{3}$ 为例，在 ωt_1 时刻送出 u_{g1}，VT_1 触发导通。到 ωt_2 时，其阳极电位下降到零开始变负，但由于大电感释放能量，电流 i_d 并未下降到零，所以 VT_1 继续保持导通，直到 ωt_3 时因触发导通 VT_3，将反向电压 u_{UV} 加到 VT_1 两端令其关断，实现换流。一个周期内三个晶闸管轮流导通 $\dfrac{2}{3}\pi$。

整流输出的直流电压为

$$U_d = \frac{1}{2\pi/3}\int_{\alpha+\frac{\pi}{6}}^{\alpha+\frac{5\pi}{6}}\sqrt{2}U_{2\varphi}\sin\omega t\,\mathrm{d}(\omega t) = 1.17U_{2\varphi}\cos\alpha \tag{2-23}$$

输出电流近似为恒定的直流电流，所以 $I = I_d = \dfrac{U_d}{R_d}$。

流过晶闸管电流的平均值和有效值分别为 $I_{dT} = \dfrac{1}{3}I_d$，$I_T = \sqrt{\dfrac{1}{3}}I_d = 0.577I_d$

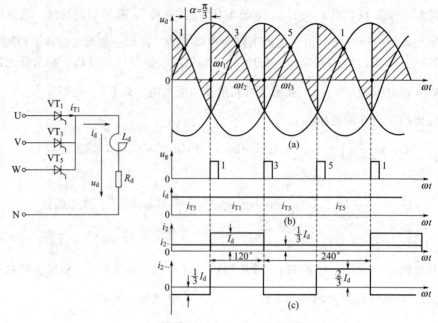

图 2-14　三相半波大电感负载相控整流电路及波形

从式（2-18）可看出，当 $\alpha = \frac{\pi}{2}$ 时，$U_d = 0$，此时 u_d 波形正负面积相等，所以实际移相范围为 $0 \sim \frac{\pi}{2}$。在实际装置中，当 $\alpha \geqslant \frac{\pi}{2}$ 时，由于电感不可能无限大，u_d 波形正面积略大于负面积，所以有微小的输出电压。

由于是三相变压器，所以其副边容量 $S_2 = 3U_{2\varphi}I_2$，因为副边绕组与负载串联 $I = I_2 = I_d$，所以变压器的副边容量 $S_2 = 3U_{2\varphi}I_d = 3 \times \dfrac{U_d}{1.17} \times 0.577 I_d = 1.48 P_d$。由上述分析已知 i_2 是单方向的矩形波，可分解成直流分量和交流分量，如图 2-14（c）所示。其中直流分量 $I_{2-} = \dfrac{1}{3}I_d$，交流分量有效值 $I_{2\sim} = \sqrt{\dfrac{1}{2\pi}\left[\left(\dfrac{2}{3}I_d\right)^2 \times \dfrac{2}{3}\pi + \left(-\dfrac{1}{3}I_d\right)^2 \times \dfrac{4}{3}\pi\right]} = 0.473 I_d$。由于直流分量只能产生直流磁势无法耦合到变压器的一次侧，只有交流分量 $i_{2\sim}$ 能反映到一次侧，故 $I_1 = \dfrac{1}{K}I_{2\sim} = \dfrac{U_{2\varphi}}{U_{1\varphi}}I_{2\sim}$，原边容量为 $S_1 = 3U_{1\varphi}I_1 = 3U_{1\varphi}\dfrac{U_{2\varphi}}{U_{1\varphi}}I_{2\sim} = 3 \times \dfrac{U_d}{1.17} \times 0.473 I_d = 1.21 P_d$。可见 $S_1 < S_2$，这是因为副边电流存在直流分量的缘故。此时变压器的容量用平均值来衡量

$$S = \frac{1}{2}(S_1 + S_2) = \frac{1}{2}(1.21 P_d + 1.48 P_d) = 1.35 P_d$$

同样为了扩大移相范围，提高输出直流电压平均值，可在负载两端并联续流二极管，u_d 电压波形与计算公式与电阻性负载时相同，可参见表 2-2。二极管只在 $\alpha \geqslant \frac{\pi}{6}$ 时发挥续流作用，此时 $\theta_T = \frac{5}{6}\pi - \alpha$，$\theta_D = 3\left(\alpha - \frac{\pi}{6}\right)$，移相范围可达 $\frac{5}{6}\pi$。电路工作情况与波形请自行分析。

表 2-2　常用三相相控整流电路参数比较

电路名称		三相半波	三相全控桥式
电路图			
直流平均电压 U_d		$(0\sim1.17)U_2$	$(0\sim2.34)U_2$
移相范围	电阻性负载或大电感负载接续流二极管	$150°$	$120°$
	大电感负载	$90°$	$90°$
$\alpha\neq0°$时直流平均电压 U_d	电阻性负载或大电感负载接续流二极管	$1.17U_2\cos\alpha(0°\leqslant\alpha\leqslant30°)$ $0.675U_2\left[1+\cos\left(\frac{\pi}{6}+\alpha\right)\right]$ $(30°<\alpha<150°)$	$2.34U_2\cos\alpha(0°\leqslant\alpha\leqslant60°)$ $2.34U_2\left[1+\cos\left(\frac{\pi}{3}+\alpha\right)\right]$ $(60°<\alpha<120°)$
	大电感负载	$1.17U_2\cos\alpha$	$2.34U_2\cos\alpha$
晶闸管最大正反向峰值电压		$\sqrt{6}U_2$	$\sqrt{6}U_2$
整流管最大反向峰值电压		—	—
整流元件平均电流		$\frac{1}{3}I_d$	$\frac{1}{3}I_d$
晶闸管电流有效值	大电感负载接续流二极管	$0.577I_d(\alpha\leqslant60°),\sqrt{\frac{\frac{5\pi}{6}-\alpha}{2\pi}}I_d(\alpha>30°)$	$0.577I_d(\alpha\leqslant60°),\sqrt{\frac{\frac{2\pi}{3}-\alpha}{\pi}}I_d(\alpha>30°)$
	大电感负载	$0.578I_d$	$0.578I_d$
续流管电流有效值		$0(\alpha\leqslant30°),\sqrt{\frac{\alpha-\pi/6}{2\pi/3}}I_d(\alpha>30°)$	$0(\alpha\leqslant60°),\sqrt{\frac{\alpha-\pi/3}{\pi/3}}I_d(\alpha>60°)$
续流管最大反向电压		$\sqrt{2}U_2$	$\sqrt{6}U_2$
特点与使用场合		电路简单,但元件承受电压高,变压器副边存在直流电流分量,故较少采用或用在功率小的场合	各项指标好,用于电压控制要求高或要求逆变的场合,但触发电路较复杂
电路名称		三相桥式半控	带平衡电抗器双反星形
电路图			
直流平均电压 U_d		$(0\sim2.34)U_2$	$(0\sim1.17)U_2$
移相范围	电阻性负载或大电感负载接续流二极管	$180°$	$120°$
	大电感负载	$180°$	$90°$

电路名称		三相桥式半控	带平衡电抗器双反星形
$\alpha\neq0°$时直流平均电压 U_d	电阻性负载或大电感负载接续流二极管	$2.34U_2\dfrac{1+\cos\alpha}{2}$	$1.17U_2\cos\alpha\ (0°\leqslant\alpha\leqslant60°)$ $1.17U_2\left[1+\cos\left(\dfrac{\pi}{3}+\alpha\right)\right]$ $(60°<\alpha<120°)$
	大电感负载	$2.34U_2\dfrac{1+\cos\alpha}{2}$	$1.17U_2\cos\alpha$
晶闸管最大正反向峰值电压		$\sqrt{6}U_2$	$\sqrt{6}U_2$
整流管最大反向峰值电压		$\sqrt{6}U_2$	—
整流元件平均电流		$\dfrac{1}{3}I_d$	$\dfrac{1}{6}I_d$
晶闸管电流有效值	大电感负载接续流二极管	$0.577I_d(\alpha\leqslant60°)$，$\sqrt{\dfrac{\pi-\alpha}{2\pi}}I_d(\alpha>60°)$	$0.289I_d(\alpha\leqslant60°)$，$\sqrt{\dfrac{\frac{2\pi}{3}-\alpha}{\pi}}I_d(\alpha>60°)$
	大电感负载	—	$0.289I_d$
续流管电流有效值		$0(\alpha\leqslant60°)$，$\sqrt{\dfrac{\alpha-\pi/3}{2\pi/3}}I_d(\alpha>60°)$	$0(\alpha\leqslant60°)$，$\sqrt{\dfrac{\alpha-\pi/3}{\pi/3}}I_d(\alpha>60°)$
续流管最大反向电压		$\sqrt{6}U_2$	$\sqrt{2}U_2$
特点与使用场合		各项指标较好，适用于较大功率高电压场合	在相同I_d时元件电流等级最低，因此适用于大电流低电压场合

二、三相桥式相控整流主电路

三相半波电路比单相电路整流波形平直，但每相只有 1/3 周期导电，变压器利用率低，且存在直流磁化。所以在较大功率时使用三相桥式整流电路。

（一）共阳极接法与共阴极接法

为了了解三相桥式电路的形式，先分析一下三相半波的两种接法。

前面讨论的三相半波电路中三只晶闸管是共阴接法，U、V、W 三相的自然换相点分别为三相电压正半周的交点 1、3、5。如果把三只晶闸管反过来阳极接在一起，阴极分别与三相电源相连，就构成共阳接法，电路图及波形如图 2-15 所示。在共阳极接法时，晶闸管只

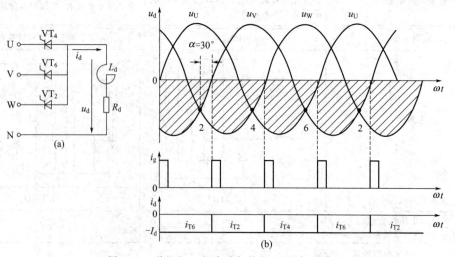

图 2-15 共阳极三相半波相控整流电路及波形

有在电源相电压负半周才能导通，换相时看哪一相的阴极电位最低，故 U、V、W 三相的自然换相点分别为三相相电压负半周的交点 4、6、2。其工作情况与共阴极接法时相似，大电感时 $U_d = 1.17U_{2\varphi}\cos\alpha$。

共阴接法时，触发电路有公用线；共阳接法时则无公用线，调试与使用不便，触发电路输出端应彼此绝缘，但因阳极接在一起，可固定在一块大散热器上散热效果好，安装较方便。

（二）工作原理

三相全控桥式电路实际上是三相半波共阴与共阳极组的串联。如果两组六只管子控制角相同，且负载相同，则两组负载电流大小相等，方向相反，$I_{d1} = I_{d2}$，零线上平均电流为 0，可取消零线构成全控桥式电路，如图 2-16 所示。但由于零线的取消，电流回路发生变化，工作情况与半波电路不完全相同。

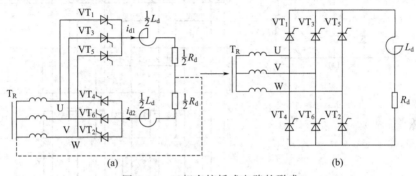

图 2-16　三相全控桥式电路的形成

以大电感负载为例，三相全控桥式相控整流电路及波形图如图 2-17 所示。在电路中，对共阴极组和共阳极组同时进行控制，且控制角是相同的。VT_1 与 VT_4 接 U 相，VT_3 与 VT_6 接 V 相，VT_5 与 VT_2 接 W 相，触发顺序为 $VT_1 \rightarrow VT_2 \rightarrow VT_3 \rightarrow VT_4 \rightarrow VT_5 \rightarrow VT_6 \rightarrow VT_1$。

当 $\alpha = 0$ 时，分别在每周期 ωt_1、ωt_2、ωt_3、ωt_4、ωt_5、ωt_6 时刻送出触发脉冲 u_{g1}、u_{g2}、u_{g3}、u_{g4}、u_{g5}、u_{g6} 分别给 VT_1、VT_2、VT_3、VT_4、VT_5、VT_6。在 ωt_1 时刻，VT_1 承受正压，如果是刚启动工作则必须再送一个脉冲 u_{g6} 给 VT_6，VT_6 也承受正压，二者同时被触发导通，则输出电压 $u_d = u_{UV}$；或者在电路工作过程中每个周期循环时，在 ωt_1 时刻 VT_6 已经导通，送脉冲 u_{g1} 给 VT_1 令其导通，同样 $u_d = u_{UV}$。在 ωt_2 时刻送脉冲 u_{g2} 给 VT_2，此时 $u_{T2} = u_{VW} > 0$，VT_2 触发导通，VT_6 则因 VT_2 导通后承受反压 u_{WV} 而关断，实现换流，使输出电压 $u_d = u_{UW}$。再经过 $\frac{\pi}{3}$ 后在 ωt_3 时刻送脉冲 u_{g6} 给 VT_3，实现 VT_3 与 VT_1 的换流，使 $u_d = u_{VW}$；同理依此类推，电路中六只晶闸管导通的顺序及输出电压如图 2-18 所示。从上面分析可看出每次换相发生在同组晶闸管之间（即相邻桥臂上的两个晶闸管换相），每两次换相间隔 $\frac{\pi}{6}$，每只管子在一个周期内导通 $\frac{\pi}{3}$（电流连续时）。

当 $\alpha > 0$ 时，每个晶闸管在本相自然换相点向后移 α 处换相，$\alpha = \frac{\pi}{3}$ 和 $\alpha = \frac{\pi}{2}$ 时的输出电压 u_d 波形如图 2-19 所示。从图中不难发现当 $\alpha > \frac{\pi}{3}$ 以后 u_d 出现了负的电压波形。当 $\alpha = \frac{\pi}{2}$ 时，u_d 波形正负面积相等，输出电压平均值为零，所以移相范围为 $0 \sim \frac{\pi}{2}$。

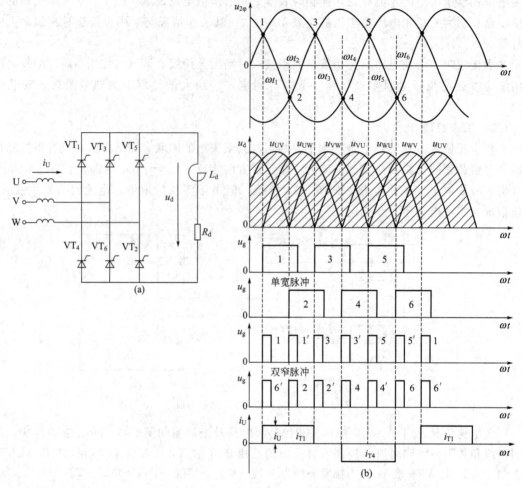

图 2-17　三相全控桥式整流电路及波形（$\alpha = 0°$）

（三）对触发脉冲的要求

（1）对触发脉冲顺序的要求　三相全控桥式相控整流电流要求触发脉冲间隔为 $60°$，触发顺序为：$VT_1 - VT_2 - VT_3 - VT_4 - VT_5 - VT_6 - VT_1$。

（2）要求双脉冲或宽脉冲触发　由于电路工作时任何时刻必须有两个管子同时导通，共阴极组一只，共阳极组一只。在电路工作当中，每次换相只要给后一相管子以触发脉冲令其导通实现换相，但如果在启动工作或电流断续后再重新启动工作时，只给一只管子触发脉冲，则电路无法工作。例如，当 $\alpha = 0$ 时，ωt_1 时刻启动电路时，如果只给 VT_1 一个触发脉冲，而不给 VT_6 触发脉冲，则电路无法启动工作。为此可以采用两种触发形式：一种是单宽脉冲，每一个脉冲的宽度大于 $60°$，而小于 $120°$（一般取 $80°\sim85°$），使相隔 $60°$ 要触发换相时，后一个触发脉冲出现时刻前一个脉冲还未消失，保证每次换相有两只管子同时导通；另一种是双窄脉冲（宽度约 $20°$），每次在触发导通某一晶闸管时，电路同时给前一号管子补发一个脉冲。为了减小触发电路功率与脉冲变压器体积，多采用双窄脉冲触发。

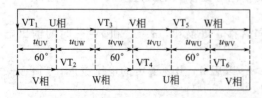

图 2-18　晶闸管触发顺序及电压

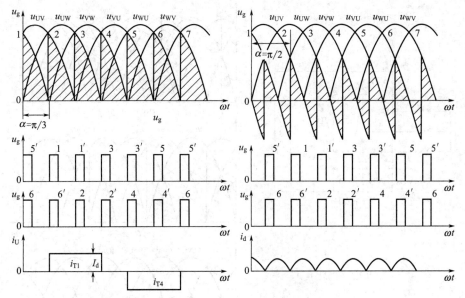

图 2-19　三相全控桥式整流电路电压及波形（α＞0°）

（四）参数计算

整流输出平均直流电压、直流电流为

$$U_d = \frac{1}{\pi/3} \int_{\alpha+\frac{\pi}{6}}^{\alpha+\frac{2\pi}{3}} \sqrt{6}\, U_{2\varphi} \sin\omega t \, d(\omega t) = 2.34 U_{2\varphi} \cos\alpha \tag{2-24}$$

$$I_d = \frac{U_d}{R_d} = I$$

流过晶闸管的电流平均值和有效值，承受的最大电压为

$$I_{dT} = \frac{1}{3} I_d, \ I_T = \sqrt{\frac{1}{2\pi}(I_d)^2 \frac{2\pi}{3}} = \sqrt{\frac{1}{3}} I_d = 0.577 I_d \tag{2-25}$$

$$U_{Tm} = \sqrt{6}\, U_{2\varphi}$$

变压器副边电流为交流矩形波，无直流分量，其有效值为

$$I_2 = \sqrt{\frac{1}{2\pi}\left[(I_d)^2 \times \frac{2}{3}\pi + (-I_d)^2 \times \frac{2}{3}\pi\right]} = \sqrt{\frac{2}{3}} I_d = 0.816 I_d \tag{2-26}$$

变压器副边容量 $S_2 = 3 U_{2\varphi} I_2 = 3 \times \dfrac{U_d}{2.34} \times 0.816 I_d = 1.05 P_d (\alpha=0)$，因为无直流分量，

所以全部耦合到变压器原边，其原边电流有效值为 $I_1 = \dfrac{1}{K} I_2 = \dfrac{U_{2\varphi}}{U_{1\varphi}} \times 0.816 I_d$，原边容量为

$S_1 = 3 U_{1\varphi} I_1 = 3 \times \dfrac{U_d}{2.34} \times 0.816 I_d = 1.05 P_d$。可见此时副边容量与原边容量是相等的，

即 $S = S_1 = S_2 = 1.05 P_d$。

三、三相半控桥式相控整流电路

将三相全控桥式电路中共阳极组的三只晶闸管换成三只大功率二极管就构成了三相半控桥式整流电路。电路及波形图如图 2-20 所示。该电路结构简单、控制方便，常用于中等容量或不可逆系统中。VT_1、VT_3、VT_5 换相时刻可以通过移相进行改变，但 VD_2、VD_4、

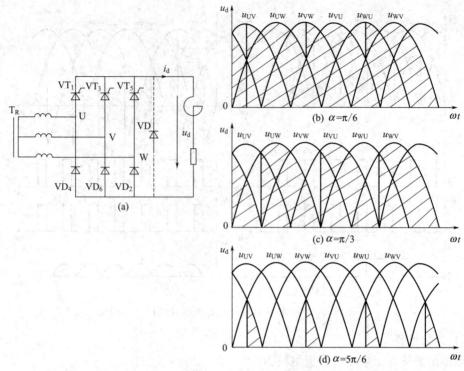

图 2-20　三相半控桥式整流电路及波形

VD_6 分别只在 2 点、4 点、6 点换相，且三只二极管的导通只与本相电压是否为负的最大有关，与负载等无关。

　　在大电感负载时，若不接续流二极管，将与单相半控桥电路相似，出现失控现象，所以必须在负载两端并接续流二极管。

　　$\alpha = 0$ 时，u_d 波形与三相全控桥时一样。图中所示为 $\alpha = \dfrac{\pi}{6}$，$\dfrac{\pi}{3}$，$\dfrac{5}{6}\pi$ 时电压波形。从波形图中可看出，当 $\alpha \leqslant \dfrac{\pi}{3}$，$u_d$ 波形连续，在 2π 内有 6 个脉动波头，续流管 VD 一直处于截止状态，$\theta_T = \dfrac{\pi}{3}$，$\theta_D = 0$。

　　当 $\alpha > \dfrac{\pi}{3}$ 以后，u_d 波形出现断续，断续点在线电压过零变负处，这以后到下一个脉冲到来之前，电感放能维持电流连续，由 VD 续流，原本导通的晶闸管关断，在 2π 周期内 $\theta_T = \pi - \alpha$，$\theta_D = 3\left(\alpha - \dfrac{\pi}{3}\right)$。为使电路能起到续流效果，应选用正向压降小的二极管和维持电流大的晶闸管，续流管与整流桥的接线电阻越小越好，所以导线应粗而短。

　　当 $\alpha \geqslant \dfrac{5}{6}\pi$ 后，虽然相电压过零变负，但由于总有一个二极管导通，所以此时晶闸管承受的是线电压，且是正向电压，所以晶闸管仍能被触发导通。例如图中 ωt_1 时 $u_{T1} = U_{UW} > 0$。当 $\alpha = \pi$ 时，线电压也过零变负，所以移相范围为 $0 \sim \pi$。

　　电路各物理量计算如下：

$$U_d = 2.34 U_2 \frac{1 + \cos\alpha}{2}, \quad I_d = \frac{U_d}{R_d}$$

当 $0 \leqslant \alpha \leqslant \dfrac{\pi}{3}$ 时：$I_{dT} = \dfrac{1}{3} I_d$，$I_T = \sqrt{\dfrac{1}{3}} I_d$

当 $\dfrac{\pi}{3} \leqslant \alpha \leqslant \pi$ 时：$I_{dT} = \dfrac{\pi - \alpha}{2\pi} I_d$，$I_T = \sqrt{\dfrac{\pi - \alpha}{2\pi}} I_d$

$$I_{dD} = \dfrac{3\alpha - \pi}{2\pi} I_d，\quad I_D = \sqrt{\dfrac{3\alpha - \pi}{2\pi}} I_d$$

电阻性负载时，计算公式与大电感负载接续流二极管时相同，只是波形不同，工作情况请自行分析。

第三节　相控整流电路供电-电动机系统的机械特性

在工业自动化和其他领域中，由晶闸管相控整流电路供电的直流电动机调速系统因其良好的启动性能、调速性能和动态静态性能得到较为广泛的应用。直流电动机的电枢绕组作为整流电路的负载，除了具有一定的电阻和电感外，在电动机旋转时还会产生反电动势 E，所以称为反电动势负载。另外，为了使输出电流连续、平稳，电枢回路接入平波电抗器，减小电流的脉动。将电机电枢本身的电感和平波电抗器的电感一起用 L_d 表示。应该说明，虽然整流电路输出电压是脉动的，但由于直流电动机电枢有较大的机械惯性，所以转速和反电动势的波动较小，可看成常数。

整流电路供电的电动机的工作状态与串联的平波电抗器电感量的大小及负载电流的大小有关。如果电感量太小或者电流太小（电动机轻载或空载），就会出现电流断续，而电流连续与断续时电动机的机械特性差别很大。下面以三相半波整流电路为例，就两种情况分别讨论。

一、电流连续时电动机的机械特性

如图 2-21 所示，当平波电抗器电感量足够大，使本相晶闸管一直导通到下一相晶闸管触发导通时，负载电流连续，每个晶闸管导通角 $\theta = 120°$，输出整流电压和电流波形与大电感负载相似，i_d 是一条较平直的直流。从电机学可知：$E = C_e \Phi n$。可控整流电路输出平均直流电压为 $U_d = 1.17 U_{2\varphi} \cos\alpha$。如果考虑晶闸管通态平均电压和直流负载回路总等效电阻压降，可列电路方程为

$$U_d = E + I_d R_a$$

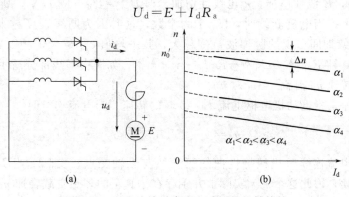

图 2-21　电流连续时直流电动机的机械特性

直流电动机机械特性为

$$n = \frac{1}{C_e \Phi}(1.17U_{2\varphi}\cos\alpha - \Delta U - R_\Sigma I_d)$$

$$\approx \frac{1}{C_e \Phi} 1.17U_{2\varphi}\cos\alpha - \frac{R_\Sigma}{C_e \Phi}I_d = n'_0 - \Delta n \qquad (2\text{-}27)$$

式中　E——电动机反电动势；

　　　R_a——电动机电枢电阻；

　　　C_e——电动机电势常数；

　　　Φ——电动机磁通；

　　　ΔU——晶闸管通态平均电压；

R_Σ——直流回路总电阻，$R_\Sigma = R_a + R_T + \dfrac{3X_B}{2\pi}$，其中 R_T 为变压器每相折算到二次侧的总等效电阻，X_B 为变压器每相折算到二次侧的等效漏抗，由于变压器漏抗的存在，电流不能突变，电路换相不可能在瞬间完成，实际换相时参与换相的晶闸管会同时导通很短时间，输出电压 u_d 波形出现毛刺，引起 U_d 下降，相当于直流端增加一个等效电阻，其值为 $\dfrac{3X_B}{2\pi}$。

二、电流断续时电动机的机械特性

当电感较小或负载较轻时，前一相电流维持不到下一相晶闸管导通就下降到零，电流出现断续，导通角 $\theta < 120°$。当电流 i_d 下降到 0，原本导通的晶闸管截止，负载两端电压 $u_d = E$，由于机械惯性，电动机转速 n 还来不及变化，n 保持不变，E 也保持不变，所以在电流断续期间，u_d 波形出现大小为 E 的阶梯波，这会使机械特性呈现非线性，如图 2-22 所示。从图中可看出电流断续时的机械特性与直流串励机的机械特性相似，并有以下两个显著特点。

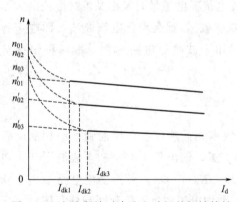

图 2-22　电流断续时直流电动机的机械特性

1. 机械特性变软

根据 $E = U_d - R_d I_d = C_e \Phi n$，设 α 角不变，当电流连续时，$U_d = 1.17U_{2\varphi}\cos\alpha$，所以 U_d 不变，随着 I_d 减小，E 线性增加，n 也线性增加，即 $E\uparrow = U_d - R_d I_d\downarrow$，所以转速 $n\uparrow$，如图中实线部分所示；当电流断续时，U_d 不为常数，这时因为断续程度越大，导通角越小，u_d 波形在电流断续期间出现的阶梯波范围越大，其平均值 U_d 越大，所以 E 迅速增大，转速 n 大幅度上升，即 $E\uparrow\uparrow = U_d\uparrow - R_d I_d\downarrow$，$n\uparrow\uparrow$。如图中虚线部分所示。

2. 理想空载转速 n_0 升高

理想空载转速是指电动机电枢电流 $I_d = 0$ 时的转速。当电流连续时

$$n'_0 = \frac{1}{C_e \Phi} 1.17U_{2\varphi}\cos\alpha$$

式中，n'_0 为电流连续时机械特性曲线延长线与纵轴交点，实际上当 I_d 小于一定数值后，电流出现断续，因此这个 n'_0 实际上并不存在。真正的理想空载转速 n_0 远远大于 n'_0。电枢电流 $I_d = 0$，可理解成晶闸管刚刚导通就截止，即根本不能真正导通，只有 $u_2 \leqslant E$，

即 E 与 u_2 波形最大值相等时，I_d 才能等于零。$\alpha \leqslant 60°$ 时，u_2 波形处于上升阶段，其最大值均为 $\sqrt{2}U_{2\varphi}$（注意，不同电路形式时，可能是线电压 U_{2l} 波形，最大值为 $\sqrt{2}U_{2l}$）。所以理想空载转速

$$n_0 = \frac{\sqrt{2}U_{2\varphi}}{C_e\Phi} \tag{2-28}$$

$\alpha > 60°$，u_2 波形处于下降阶段，触发导通瞬间对应的 u_2 瞬时值即是可能的最大值，$E = \sqrt{2}U_{2\varphi}\sin\left(\frac{\pi}{6} + \alpha\right)$，理想空载转速随 α 增大而下降，其值为

$$n_0 = \frac{\sqrt{2}U_{2\varphi}}{C_e\Phi}\sin\left(\frac{\pi}{6} + \alpha\right) \tag{2-29}$$

3.平波电抗器的作用和选择

电流断续会使电动机机械特性变软，换向电流增加，电流的谐波增大引起附加损耗加大。为了获得较为理想的机械特性，减小电流的脉动，使输出电流连续，可在电路中串入足够大的平波电抗器。

要保证电流连续，θ_T 必须为 120°，所以 $\theta_T = 120°$ 可看成电流连续的临界点。机械特性上断续特性与连续特性的交界点对应的负载电流称为临界电流 I_{dk}，即保持连续的电流最小值

$$I_{dK} = \frac{0.462}{\omega L_d}U_{2\varphi}\sin\alpha \tag{2-30}$$

平波电抗器电感量 L_d 越大，I_{dK} 越小。考虑在不同 α 角时都应保证电流连续，取 $\alpha = 90°$，当 $f = 50\text{Hz}$ 时，$I_{dK} = 1.46\dfrac{U_{2\varphi}}{L_d}$。直流电动机工作时最小电流 I_{dmin} 一般取额定电流的 $5\% \sim 10\%$，所以必须满足 $I_{dmin} \geqslant I_{dK}$，才能保证电动机始终工作在电流连续区。选择平波电抗器应满足

$$L_d \geqslant 1.46\frac{U_{2\varphi}}{I_{dmin}}(\text{mH}) \tag{2-31}$$

三相全控桥式电路为保证电流连续

$$L_d \geqslant 0.693\frac{U_{2\varphi}}{I_{dmin}}(\text{mH}) \tag{2-32}$$

第四节 晶闸管的保护

晶闸管具有容量大、可控性好等优点，但与其他电子元件相比，它承受过电压与过电流的能力较差，且能承受的电压上升率 du/dt、电流上升率 di/dt 也较低。在实际应用中，总不可避免会遇到瞬时过电压、过电流，甚至短路。所以，为使电力电子器件正常使用，提高线路工作的可靠性，除了合理选择器件，还必须设置必要的保护。

一、过电流保护

过电流是指工作电流超过允许值，广义上包含过载和短路两种情况。过载时电流超过允许值倍数小，允许时间长；反之，超过倍数大，允许时间短。短路时，则会很迅速地产生很大的电流，使器件烧坏。

（一）产生过电流的原因

① 由于电网电压波动太大，拖动的负载超过允许值，使得流过晶闸管的电流随之增加而超过额定值。

② 由于电路中晶闸管误导通或器件故障（反向击穿或正向阻断能力丧失），使得相邻桥臂的晶闸管导通引起两相电源短路，形成过电流。

③ 整流电路直流输出端短路；逆变电路发生换流失败引起逆变颠覆都会产生较大的短路电流。

④ 可逆传动环流过大，控制系统出故障都可能使晶闸管承受过电流。

（二）过电流保护方法

晶闸管过电流保护即是一旦出现过电流在晶闸管尚未损坏之前，快速切断相应的直流侧或交流侧电路，以便消除过电流。常用的几种过电流保护措施如图 2-23 所示。

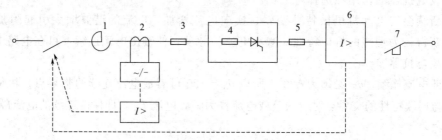

图 2-23 通常采用的过电流保护措施

1—进线电抗限流；2—电流检测和过流继电器；3～5—快速熔断器；
6—过电流继电器；7—直流快熔开关

1.限流控制保护

在交流进线中串入交流进线电抗器或利用漏感较大的电源变压器来限制短路电流。进线电感采用空绕制。这种方法有效，但在大负载时会损失较大的电压降，通常以额定电压 3% 的压降来设计进线电抗器。

2.电子线路保护

电子线路实施保护通常指利用电子元件组成的具有继电特性的电路来实施保护，一般包括检测、比较和执行等环节。

一种为电子过电流跳闸保护电路。为避免短暂过流而动作，设置延时。如果出现过电流超过整定值且过电流时间超过整定值，电路发出封锁信号，并驱动继电器动作，分断主电路。此法开关动作时间较长（约几百毫秒），故只能用于短路电流不太大的场合。

另一种为脉冲移相（拉入逆变）保护电路。出现过流时，保护电路发出信号控制晶闸管整流触发脉冲迅速后移至 $\alpha > 90°$，使装置工作在逆变状态，负载电流被迅速减小。

3.快速熔断器保护

对故障最简便而有效的保护方法是采用快速熔断器，简称快熔，快熔的熔体采用一定形状的银质熔丝，周围充有石英砂。快速的分断时间短（<10ms），允通能量（I^2R）值小，分断能力强（1000A 以上）。常用的快熔有 RTK 型（插入式），适用于大容量；RS3 型（汇流排式），带熔断指示，适用于中等容量；RLS 型（螺旋式），适用于小容量。

如图 2-24 所示为快熔的三种接法。

图（a）为接入桥臂，与晶闸管串联，流过快熔的电流就是流过晶闸管的电流，此法最直接可靠；图（b）接在交流侧输入端；图（c）接在直流侧。后两种方法所用快熔个数较

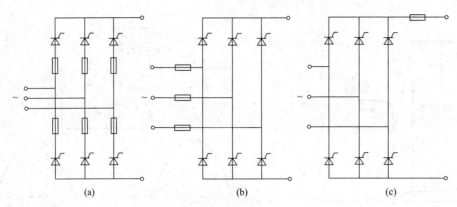

图 2-24　快熔在相控整流电路中的设置

少，但保护效果较差。应当注意，快熔的额定电流 I_{RD} 是有效值，当它与晶闸管直接串联使用时应满足 $1.57I_{T(AV)} \geqslant I_{RD} \geqslant I_{TM}$（实际晶闸管流过的最大电流有效值）。另外，熔丝一旦熔断，需要更换，造价较高，所以快熔往往作为最后一道保护。

　　除上述几种保护措施外，还有利用直流快速开关进行过电流保护，它的开关动作时间只有 2ms，全部断弧时间只有 25～30ms，可用于大容量，经常发生短路的场合，但因其昂贵且复杂使用较少。

二、过电压保护

　　过电压是指超过正常工作时晶闸管应该承受的最大电压。当正向电压超过晶闸管的正向转折电压 U_{B0} 时，会使晶闸管硬开通，不仅会使电路工作失常，且多次硬开通会使晶闸管的正向转折电压降低甚至损坏；当反向电压超过晶闸管的反向击穿电压时，晶闸管会因反向击穿而损坏。所以采取相应的抑制过电压的保护措施是必要的。保护电路形式如图 2-25 所示。

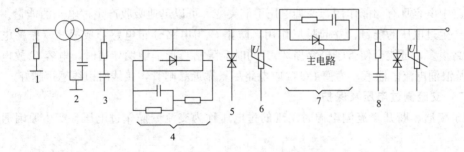

图 2-25　通常采用的过电压保护措施
1—避雷器；2—接地电容；3—阻容吸收；4—整流式阻容；5—硒堆；
6—压敏电阻；7—晶闸管泄能；8—元件侧阻容

通常根据产生过电压的原因不同，可分为以下几种过电压保护。

（一）关断过电压及保护

　　由于晶闸管关断过程引起的过电压，称为关断过电压。晶闸管因承受反压而关断，在关断过程中，当正向电流下降到零时，管子内部残存的载流子在反向电压的作用之下形成瞬间反向电流而消失，消失速度 di/dt 很大，由于电路等效电感的存在（如变压器漏抗），会产生很大的感应电动势，该电动势与外电压同向，反向加在正恢复阻断的晶闸管两端，形成瞬间过电压，如图 2-26 所示，其幅值可达工作电压峰值的 5～6 倍，使 u_T 波形出现毛刺，如图 2-27 所示。

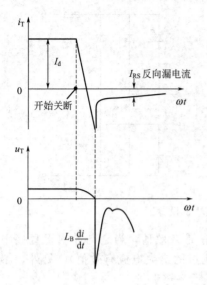

图 2-26 晶闸管关断时电流、电压波形

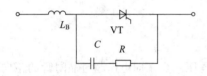

图 2-28 晶闸管阻容吸收电路

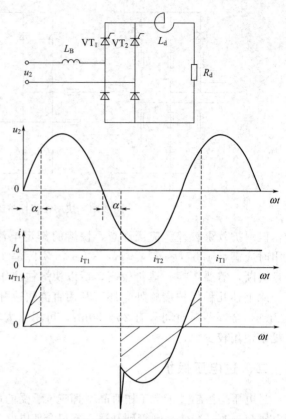

图 2-27 单相桥式整流管子关断过电压波形

对于这种尖峰状的瞬时过电压，通常在晶闸管两端并联 RC 对管子进行保护，如图 2-28 所示。电路中电容具有储能作用，两端电压不能突变，可以迅速吸收产生过电压的能量。电阻则能消耗产生过电压的能量，并起阻尼作用，防止 C 与电路分布电感形成振荡（振荡电压较电源电压高很多，可能会使管子击穿损坏）；同时会限制当管子触发导通时，电容 C 放电引起的 di/dt 及浪涌电流。注意，为使 RC 吸收电路尽量靠近晶闸管，接线时引线越短越好。

（二）交流侧过电压及保护

由于接通、断开交流侧电源时出现的过电压称为交流侧操作过电压，产生原因通常有以下几种。

① 静电感应过电压。由于整流变压器一次、二次绕组之间存在分布电容，在一次侧合闸瞬间，一次电压经电容耦合到二次侧，如果是高压电源供电，就会使二次侧出现过电压。通常在单相变压器二次侧或三相变压器二次侧星形中点与地之间并联适当电容（约 $0.5\mu F$）来解决，也可在变压器一次、二次之间附加屏蔽层。

② 断开与变流装置相邻的负载电流引起的过电压。因为断开时产生较大的 di/dt，会在电源回路电感两端产生与电源电压同向的感应电动势，所以造成过电压。

③ 断开变压器一次绕组空载电流 i_0 引起的过电压。在变压器空载且电源电压过零时（空载时电流约滞后电压 $90°$，此时电流最大），断开一次侧开关，由于 i_0 突变，一次侧绕组会产生很大的感应电动势，而二次侧绕组也会感应出很高的瞬时过电压。

交流侧操作过电压都是瞬时的尖峰电压，抑制的有效方法是并联阻容吸收电路，几种接法如图 2-29 所示。其中图（d）为整流式阻容电路，它只用一个电容，电容上只承受直流电

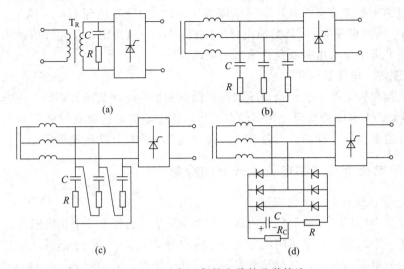

图 2-29　交流侧阻保护电路的几种接法

压，可选取体积小得多的电解电容。同时晶闸管触发导通时，电容器放电电流不经过晶闸管，而由与电容并联的电阻泄放能量。它适用于大容量的变流装置。

　　由于发生雷击或从电网侵入的高电压干扰引起的过电压称为浪涌过电压，通常可用阀型避雷器或具有稳压特性的非线性电阻器件来抑制。常用的非线性电阻器件有硒堆和压敏电阻。

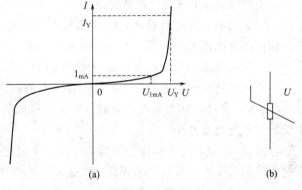

　　压敏电阻的正反向伏安特性都具有很陡的稳压特性，如图 2-30 所示。正常工作时压敏电阻没有被击穿，仅流过微安级的漏电流。一旦出现浪涌过电压，由于雪崩效应，元件呈低阻，使流过的电流迅猛增大，从而吸收过电压。

图 2-30　压敏电阻的伏安特性与符号

　　压敏电阻具有伏安特性陡峭、正常漏电流小、而能泄放的电流大、体积小、反应快、价格便宜的特点，所以被广泛应用。其主要缺点是本身热容量小，一旦工作电压超过其额定电压，很快就会烧毁，因而不宜用在频繁的放电场合。另外，压敏电阻在交、直流侧都可取代 RC 吸收电路，但因其不能限制 $\mathrm{d}u/\mathrm{d}t$，所以不宜并在晶闸管两端。压敏电阻的几种接法如图 2-31 所示。

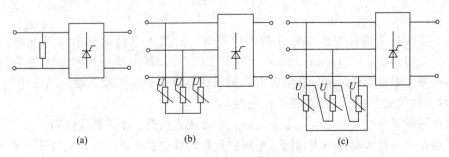

图 2-31　压敏电阻的几种接法

压敏电阻的主要特性参数有：①漏电流为 1mA 时的额定电压 $U_{1mA}(U_e)$；②放电电流达到规定值 I_Y 时的电压 U_Y，其数值由残压比 U_Y/U_{1mA} 所确定；③允许的通流容量：在规定的标准电流波形下压敏电阻所允许通过的电流峰值。

（三）直流侧过电压及保护

如果直流侧带大电感负载，当由于某种原因（如快熔断或晶闸管烧坏）引起负载电流突变，di/dt 很大，大电感会感应出很高的电动势，该电动势通过负载加到阻断的晶闸管两端引起管子误导通而损坏。抑制的有效方法是在直流负载两端并联压敏电阻。

三、正向电压上升率和电流上升率的抑制

1.正向电压上升率 du/dt 的抑制

晶闸管是一个四层三端的器件，内含有三个 PN 结。当管子处于正向阻断时，J_2 结处于反偏，相当于一个电容。如果正向电压上升率 du/dt 太大，将会在结电容中产生位移电流，起到晶闸管触发电流的作用，甚至导致晶闸管导通。因此，必须对 du/dt 加以限制。

在有整流变压器的装置中，由于变压器漏抗的存在及晶闸管两端的阻容吸收电路，不仅可以抑制过电压，也可限制管子的电压上升率 du/dt。对于没有整流变压器的装置，可在交流侧串接进线电感 L_0 和阻容吸收电路，构成滤波电路限制 du/dt 及短路电流。另一种方法是在整流桥臂上串接 $20\sim30\mu H$ 的空心电感或 $1\sim2$ 个铁钛氧磁环。

2.正向电流上升率 di/dt 的抑制

晶闸管在触发导通的瞬间，随着阳极电流的增大，导通区域也由靠近门极附近逐渐扩展。如果阳极电流上升太快，即 di/dt 太大，使电流来不及扩展到整个 PN 结面，虽然电流值不大，仍会造成门极附近因电流密度过大而烧毁，形成烧焦点。所以必须限制 di/dt。

当变流装置交流侧电感较小，或与晶闸管并联的 RC 吸收电路中电容 C 过大都有可能使 di/dt 过大；另外，在大电流负载时采取多个晶闸管并联的工作方式，会使先导通的晶闸管承受较大的电流上升率。

为抑制 di/dt，可在桥臂上串接 $20\sim30\mu H$ 的空心电感，但这样可能造成换流时间过长，影响电路正常工作，所以可采用铁钛氧磁环。当管子刚导通时，电流小，磁环不饱和，电感量大，抑制 di/dt 能力强；电流变大时，磁环饱和，电感量减小几乎不影响换流时间。另外，也可采用图 2-29(d) 所示整流式阻容电路，使电容放电电流不经过管子。

总之，只有全面考虑装置的可靠性和经济性，合理选择各种可靠的保护措施，变流装置的工作才会更加可靠。

小　结

本章主要分析了相控整流主电路的工作原理，着重于电路的波形分析和参数的计算（U_d、I_d、U、I、U_{Tm}、I_T、I_D、$\cos\varphi$、移相范围等）。其中单相相控整流主电路线路简单，调试方便，但整流输出电压脉动较大，使三相电源负载不平衡，故应用于小功率场合。在 4kW 以上的装置中常用三相相控整流电路。

整流电路的形式很多，通常有半波电路、全控桥式电路、半控桥式电路。由于负载的性质不同，电路的工作情况也不大相同。电阻性负载的特点是负载电压、电流波形相同，且电压波形不会出现负值；大电感负载的特点是使 i_d 平直，一般认为其波形近似为一水平线，

晶闸管的导电时间长，但 u_d 波形会出现负值，使整流输出电压 U_d 下降，故通常在负载两端反向并联续流二极管；反电动势负载由于负载端有一直流反电动势 E，所以会引起晶闸管导通角变小，电流脉动变大，往往要串入平波电抗器，它的计算较为复杂，只要求定性分析。

另外，本章还简单介绍了相控整流电路供电的直流电动机的机械特性和晶闸管的几种保护方法，直流电动机的机械特性可分为电流连续和电流断续两部分：电流连续时机械特性较硬；电流断续时机械特性较软，理想空载转速变高，为使电动机工作在电流连续段，应串入足够大的平波电抗器。为了使装置可靠运行，必须对晶闸管同时进行过流、过压等保护，同时也必须限制 du/dt、di/dt。

思考题与习题

1. 单相半波相控整流电路向电阻性负载供电，已知交流电源电压 $U_2 = 220V$，负载电阻 $R_d = 50\Omega$，试分别画出控制角为 $\alpha = 30°$ 和 $\alpha = 60°$ 时负载电压 u_d、电流 i_d 及晶闸管两端电压 u_T 的波形。

2. 某一电阻性负载要求直流平均电压 $U_d = 60V$，电流 $I_d = 20A$，当采用单相半波相控整流电路向其供电，交流电源电压 $U_2 = 220V$，试计算晶闸管的导通角 θ 并选择晶闸管。

3. 图 2-5 所示的同步发电机自励电路，原运行正常，突然出现发电机电压很低，经检查发现晶闸管、触发电路以及熔断器均正常，试问是何原因？

4. 某单相相控整流电路给电阻性负载供电和蓄电池充电，在流过负载电流平均值相同的条件下，哪一种负载的晶闸管额定电流应该选大一点？为什么？

5. 单相全控桥式电路带大电感负载，电源电压 $U_2 = 220V$，负载电阻 $R_d = 20\Omega$，控制角 $\alpha = 30°$，试计算电路在负载两端并联或不并联续流二极管时的输出电压、电流的平均值，画出两种情况下 u_d、i_d 的波形。

6. 单相半控桥式相控整流电路带电阻性负载，要求输出平均直流电压在 $0 \sim 80V$ 内连续可调，在 40V 以上时要求负载电流能达到 20A，最小控制角为 $\alpha_{min} = 30°$，试求当分别采用 220V 交流电网直接供电和采用降压变压器供电时流过晶闸管电流的有效值、晶闸管的导通角及电源容量。

7. 单相半控桥式和全控桥式相控整流电路带电感性负载时，电路中所接续流二极管的作用是否相同？作用分别是什么？

8. 图 2-32 为一电源相序指示器，试分析电路的工作原理，说明二极管、小灯泡和电容的作用。设 u_1 为 U 相电源电压，画出不同相序时的负载电压 u_d 波形，并求出对应的晶闸管的导通角（设 R_2、C 移相约为 30°）。

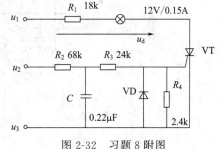

图 2-32　习题 8 附图

9. 试画出图 2-11 中两种电路的 u_d、i_T、i_D 波形。

10. 在三相半波电阻性负载相控整流电路中，若脉冲在自然换相点之前 15° 到来，脉冲宽度为 10° 和 20° 会出现什么现象？画出 u_d 波形。

11. 三相半波相控整流电路，若 U 相的触发脉冲丢失，画出电阻性负载和电感性负载的输出电压 u_d 波形。若三相共用一套触发电路，每隔 120° 送出触发脉冲，电阻性负载时的移相范围为多少？最小输出电压为多少？

12. 三相半波相控整流电路，电阻性负载，已知电源电压 $U_2 = 220V$，$R_d = 20\Omega$，当 $\alpha = 90°$ 时，计算 U_d、I_d，并选择晶闸管。

13. 三相半波相控整流电路，大电感负载，已知电源电压 $U_2 = 110V$，$R_d = 2\Omega$，当 $\alpha = 45°$ 时，计算 U_d、I_d，并选择晶闸管，如果并联续流二极管，试计算 I_{dT}、I_T、I_{dD}、I_D。

14. 某车床刀架采用小惯量直流电机拖动，额定数据为：$P_N = 5.5kW$，$U_N = 220V$，$I_N = 28A$，已知电源电压 $U_2 = 220V$，采用三相半波相控整流电路，要求启动电流不大于 60A，当负载电流下降到 3A 时仍能维持连续，试选择晶闸管并计算平波电抗器的电感量 L_d、电源容量 S_2 和功率因数 $\cos\varphi$。

15.图 2-33 为二相零式与二相式相控整流电路，直接由三相交流电源供电，分别求直流平均输出电压的表达式和移相范围。

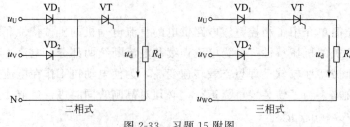

图 2-33 习题 15 附图

16.龙门刨床工作台由 60kW、220V、305A 的直流电动机拖动，由三相全控桥式电路供电，已知电源电压 $U_2 = 220$V，要求启动电流不大于 500A，当负载电流下降到 16A 时仍能维持连续，试选择晶闸管并计算 L_d、S_2 和 $\cos\varphi$。

17.绘制三相全控桥式 KZ-D 系统的机械特性曲线 $n = f(I_d)$。已知电动机的额定参数：$P_N = 17$kW，$U_N = 220$V，$I_N = 90$A，$n_N = 1500$r/min。回路总电阻 $R_\Sigma = 0.3\Omega$，$L_d = 5$mH，电源电压 $U_2 = 110$V（电流断续区只要求计算出 I_{dmin} 和理想空载转速 n_0），$C_e\Phi$ 为常数。绘制额定运行、$\alpha = 30°$、$\alpha = 90°$ 三条机械特性曲线。

18.晶闸管两端并联阻容电路可起哪些保护作用？

19.使用晶闸管时为什么必须考虑过电压、过电流保护？一般采用的措施有哪些？

20.指出图 2-34 中 1-6 各保护元件及 L_d、VD 的名称和作用。

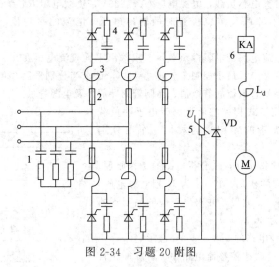

图 2-34 习题 20 附图

第三章 晶闸管触发电路

普通晶闸管是单向可控器件，晶闸管承受正向阳极电压的同时，门极还要加上适当的触发电压才能由阻断转入导通状态。改变触发脉冲输出的时间，即可改变控制角 α 的大小，从而达到改变输出直流平均电压的目的。控制晶闸管导通的电路称为触发电路。触发电路通常以组成的主要元件名称分类，常见的有：简单触发电路、单结晶体管触发电路、晶体管触发电路、集成电路触发器、计算机控制数字触发电路等。

第一节 对触发电路的要求与简单触发电路

一、晶闸管对触发电路的要求

触发信号可以是交流、直流或脉冲，触发信号只能在门极为正、阴极为负时起作用。触发信号的电压波形有多种形式，如图 3-1 所示。但为了减小门极的损耗，触发信号常采用脉冲形式。一般触发电路应满足以下要求。

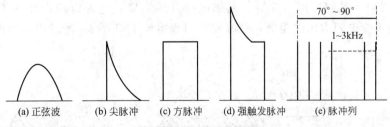

图 3-1 常见触发信号电压波形

1.触发信号应有足够的功率（电压与电流）

触发电路输出的触发电压和触发电流，应大于晶闸管的门极触发电压和门极触发电流。例如 KP50 就要求触发电压不小于 3.5V，电流不小于 100mA；KP200 则要求触发电压不小于 4V，电流不小于 200mA。故触发电压在 4V 以上，10V 以下为宜，这样就能保证任何一个合格的晶闸管换上去都能正常工作。在触发信号为脉冲形式时，只要触发功率不超过规定值，触发电压、电流的幅值在短时间内可大大超过额定值。不该触发时，触发电路的漏电压应小于 0.15～0.2V，以防误触发。

2.触发脉冲要具有一定的宽度，前沿要陡

触发脉冲的宽度一般应保证晶闸管阳极电流在脉冲消失前能达到擎住电流，使晶闸管能保持通态，这是最小的允许宽度。一般晶闸管的开通时间为 6μs 左右，故触发脉冲的宽度应在 6μs 以上，最好为 20～50μs。脉冲宽度还与负载性质及主电路的型式有关。例如，对于单相整流电路，电阻性负载时要求脉冲宽度大于 10μs，电感性负载时要求脉宽大于 100μs。对于三相全控桥式电路，采用单脉冲触发时，脉宽应为 60°～120°，采用双脉冲触发时脉宽 10°左右即可。触发脉冲前沿陡度越陡，越有利于并联或串联晶闸管的同时触发。一般要求触发脉冲前沿陡度大于 10V/μs 或 800A/μs。

3.触发脉冲的移相范围应能满足变流装置的要求

触发脉冲的移相范围与主电路型式、负载性质及变流装置的用途有关。例如，三相半波整流电路，在电阻性负载时，要求移相范围为 150°；而三相桥式全控整流电路，电阻性负载时要求移相范围为 120°。若三相全控桥工作于整流或逆变状态并对电感负载供电，则要求移相范围为 0°～180°，在实际应用中，为了装置的正常工作，有时还要有 α_{min} 和 β_{min} 的限制，故实际范围小于 180°。

4.触发脉冲与主回路电源电压必须同步

为了使晶闸管在每一周期都能重复在相同的相位上触发，保证变流装置的品质和可靠性，触发电路的同步电压与主回路电源电压必须保持某种固定的相位关系。这种实现同步电压与主回路电源电压保持固定相位关系的方法称为同步配合。

二、简单触发电路举例

用电阻、电容、二极管以及光耦合器等器件可以组成各种简单实用的简单触发电路。这类触发电路所用元件少、结构简单、调试方便，一般不用同步变压器，常用于控制精度要求不高的小功率负载电路，在生产及各种家电中应用广泛。

1.简单移相触发电路

如图 3-2 所示，是由可变电阻引入本相电压作为门极触发电压的一种简单移相触发电路及其有关波形。图中 u_2 为交流电源电压，R_d 为负载，晶闸管 VT 为调压开关。其工作原理为：在晶闸管承受正向电压时，电源电压通过门极电阻 RP 产生门极电流，当门极电流上升到触发电流 I_G 时，晶闸管触发导通，两端电压几乎为零，电源电压就加到了电阻 R_d 上。改变门极回路可变电阻 RP 的阻值，就改变了门极电流上升至 I_G 的时间，即可改变晶闸管

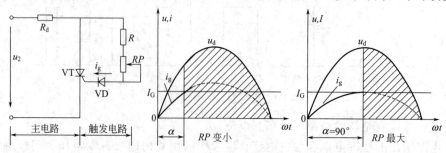

图 3-2 引入本相电压作为触发信号的触发电路及波形

在一个周期中开始导通的时刻，从而调节 R_d 上电压的大小。触发电路中的二极管 VD 用于防止门极承受反向电压，从波形图可知，该电路移相范围小于 90°。

2. 阻容移相触发电路

图 3-3 为一种阻容移相触发电路及其有关波形，电路是利用电容 C 充电延时触发以达到控制移相的目的。其工作原理为：当晶闸管阳极承受反向电压时，u_2 通过二极管 VD_2 对电容 C 充电，由于充电时间常数很小，故 u_c 波形近似为 u_2 波形。当 u_2 过了负的最大值后，电容 C 经 RP、R_d 和 u_2 放电，随后被 u_2 反充电，极性呈上正下负，当电容 C 两端电压上升到晶闸管的触发电压 U_G 时，晶闸管被触发导通。改变 RP 的阻值，即可改变电容 C 反充电的速度，从而改变电压 u_c 到达 U_G 的时间，从而实现移相触发。此电路移相范围可达 20°～80°。

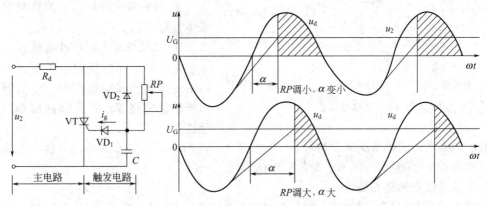

图 3-3 阻容移相电路及有关波形

3. 用数字集成电路组成的触发电路

目前应用较多的数字集成电路有 TTL、CMOS 等，但因其输出电流较小，难以触发普通晶闸管使之导通，因此数字集成电路构成的触发电路更适应于高灵敏度的晶闸管。如型号为 TF-320 的晶闸管为一种高灵敏度的晶闸管，其容量有 0.5A、1A 和 3A 等几种，其触发电流均很小，约为 0.04～2mA，可采用数字集成电路触发。如图 3-4(a) 电路所示为高电平输出直接触发高灵敏度晶闸管 VT。为了防止误触发，应保证数字集成电路输出低电平小于 0.2V，为此，可在门极与阴极之间接上 4.7kΩ 电阻。如图 3-4(b) 电路所示为数字集成电路输出低电平触发导通晶闸管的电路形式。晶体管 VT_1 为晶闸管门极提供足够的触发电流，即使是普通晶闸管也能被触发导通。

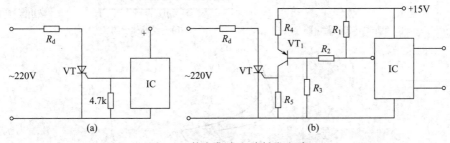

图 3-4 数字集成电路触发电路

三、单结晶体管触发电路

由单结晶体管组成的触发电路结构简单，输出脉冲前沿陡，抗干扰能力强，温度补偿性能好，而且运行可靠，调试维修方便，因此在单相晶闸管整流装置中得到广泛的应用。

（一）单结晶体管（Unijunction Transistor）**的结构与特性**

1. 单结晶体管结构特点

单结晶体管（UJT）又称为双基极二极管或单结管。它是具有一个 PN 结的三端半导体器件（即一个发射极、两个基极）。它具有负阻抗特性，其特点完全不同于晶体管。等效电路、图形符号及管端子底视图如图 3-5 所示。单结晶体管具有以下特点。

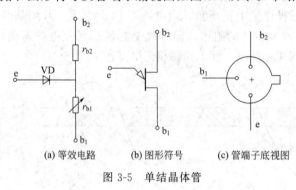

(a) 等效电路　(b) 图形符号　(c) 管端子底视图

图 3-5　单结晶体管

① 稳定的触发电压，并可用极间所加的电压控制。

② 有一极小的触发电流。

③ 负阻特性较均匀，温度与寿命较晶体管稳定。

④ 可取得较大的脉冲电流。

由于单结晶体管的这种特性，所以特别适用于作张弛振荡器、定时器、晶闸管触发电路等，并且线路简单、节省元件。

触发电路常用的单结晶体管型号有 BT33 和 BT35 两种，其中 B 表示半导体，T 表示特种管，末位数字 3 表示 300mW、5 表示 500mW。

2. 单结晶体管的伏安特性

当两个基极 b_2 和 b_1 间加某一固定直流电压 U_{bb} 时，发射极电流 I_e 与发射极正向电压 U_e 之间的关系曲线称为单结晶体管的伏安特性 $I_e = f(U_e)$。单结晶体管的实验电路及伏安特性如图 3-6 所示。

当开关 S 断开时，I_{bb} 为零，加发射极电压 U_e 时，得到如图 3-6(b) 中①所示伏安特性曲线，该曲线与二极管伏安特性曲线相似。

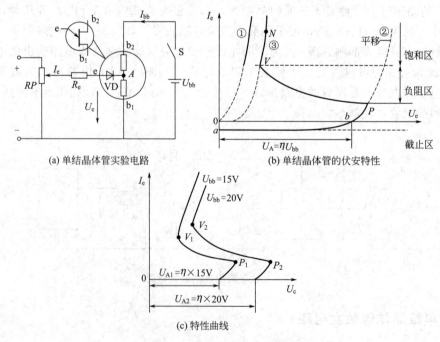

(a) 单结晶体管实验电路　　(b) 单结晶体管的伏安特性

(c) 特性曲线

图 3-6　单结晶体管伏安特性

（1）截止区——aP 段

当开关 S 闭和，电压 U_{bb} 通过单结晶体管等效电路中的 r_{b1} 和 r_{b2} 分压，得到 A 点电位 U_A，可表示为

$$U_A = \frac{r_{b1}}{r_{b1}+r_{b2}}U_{bb} = \eta U_{bb} \tag{3-1}$$

式中，η 为分压比，是单结晶体管的主要参数，η 一般为 $0.3 \sim 0.9$。

当 U_e 从零逐渐增加，当 $U_e < U_A$ 时，单结晶体管的 PN 结反向偏置，只有很小的反向漏电流。$U_e = U_A$ 时，$I_e = 0$，即图中所示特性曲线与横坐标交点 b 处。进一步增加 U_e，PN 结开始正偏，出现正向漏电流，直到当发射结 U_e 增加到高出 ηU_{bb} 一个 PN 结正向电压 U_D 时，即 $U_e = U_p = \eta U_{bb} + U_D$ 时，等效二极管 VD 才导通，此时单结晶体管由截止状态进入到导通状态，并将该转折点称为峰点 P。P 点所对应的电压称为峰点电压 U_p，所对应的电流称为峰点电流 I_p。

（2）负阻区——PV 段

当 $U_e > U_p$ 时，等效二极管 VD 导通，I_e 增大，这时大量的空穴载流子从发射极注入 A 点到 b_1 的硅片，使 r_{b1} 迅速减小，导致 U_A 下降，因而 U_e 也下降。U_A 的下降，使 PN 结承受更大的正偏，引起更多的空穴载流子注入硅片中，使 r_{b1} 进一步减小，形成更大的发射极电流 I_e，这是一个强烈的正反馈过程。当 I_e 增大到一定程度时，硅片中载流子的浓度趋于饱和，r_{b1} 已减小至最小值，A 点的分压 U_A 最小，因而 U_e 也最小，即对应曲线上的 V 点。V 点称为谷点，谷点所对应的电压和电流称为谷点电压 U_v 和谷点电流 I_v。这一区间称为特性曲线的负阻区。

（3）饱和区——VN 段

当硅片中载流子饱和后，要使 I_e 继续增大，必须增大电压 U_e，单结晶体管处于饱和导通状态。

改变电压 U_{bb}，器件等效电路中的 U_A 和特性曲线中的 U_p 也随之改变，从而可获得一族单结晶体管伏安特性曲线，如图 3-6(c) 所示。

在触发电路中希望选用分压比 η 较大、谷点电压 U_v 小以及谷点电流 I_v 大的单结管，这样有利于提高脉冲幅度和扩大移相范围。常用单结晶体管的主要参数见表 3-1。

表 3-1　单结晶体管参数表

参数名称		分压比 η	基极电阻 $R_{bb}/k\Omega$	峰点电流 $I_p/\mu A$	谷点电流 I_v/mA	峰点电压 U_p/V	谷点电压 U_v/V	最大反压 U_{bbmax}/V	耗散功率 P_{max}/mW
测试条件		$U_{bb}=20V$	$U_{bb}=3V$ $I_e=0$	$U_{bb}=0$	$U_{bb}=0$	$U_{bb}=0$	$U_{bb}=0$ $I_e=I_{emax}$		
BT33	A	$0.45\sim0.9$	$2\sim4.5$	<4	>1.5	<3.5	<4	$\geqslant30$	300
	B							$\geqslant60$	
	C	$0.3\sim0.9$	$>4.5\sim12$			<4	<4.5	$\geqslant30$	
	D							$\geqslant60$	
BT35	A	$0.45\sim0.9$	$2\sim4.5$			<3.5	<4	$\geqslant30$	500
	B					>3.5		$\geqslant60$	
	C	$0.3\sim0.9$	$>4.5\sim12$			>4	<4.5	$\geqslant30$	
	D							$\geqslant60$	

（二）单结晶体管自激振荡电路

利用单结晶体管的负阻特性和 RC 电路的充放电特性，可以组成单结晶体管自激振荡电路，产生频率可变的脉冲，如图 3-7(a) 所示。

当加上直流电压 U 后，一路经 R_2、R_1 在单结晶体管两个基极之间按分压比 η 分压；另一路通过 R_e 对电容 C 充电，发射极电压 u_e 为电容两端电压 u_c，按指数曲线渐渐上升，如图 3-7（b）所示。当 $u_c < U_p$ 时，管子 e、b_1 之间处于截止状态。随着 u_c（u_e）值的增大，电容电压 u_c 充到刚开始大于 U_p 的瞬间，管子 eb_1 间的电阻突然变小（降为 20Ω 左右）并开始导通。电容上的电荷通过 eb_1 迅速向电阻 R_1 放电。由于放电回路电阻很小，放电时间很短，所以在 R_1 上得到很窄的尖脉冲。当 u_c（u_e）下降到谷点电压 U_v 时，管子从导通又转为截止，电容 C 又开始充电，电路不断振荡，在电容上形成锯齿波电压，在 R_1 上输出前沿很陡的尖脉冲。振荡频率为

$$f = \frac{1}{R_e C \ln\left(\dfrac{1}{1-\eta}\right)} \tag{3-2}$$

改变 R_e 可方便地改变振荡频率，波形如图 3-7（b）所示。

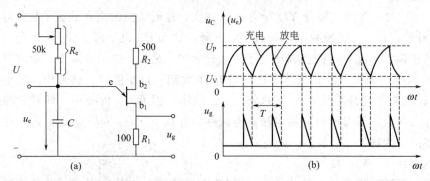

图 3-7　单结晶体管振荡电路及波形

（三）单结晶体管触发电路

图 3-8（a）为单相半控桥单结晶体管触发电路。由同步变压器 TS、整流桥以及稳压管 VZ 组成同步电路，保证在每个正半周以相同的控制角 α 触发晶闸管，得到稳定的直流电压。稳压管上得到的梯形波电压 u 作为触发电路电源，波形如图 3-8（b）所示。每当电源波形过零时 $U_{bb} = 0$，单结晶体管内部 A 点电压 $U_A = 0$，保证电容电荷很快放完，在下半

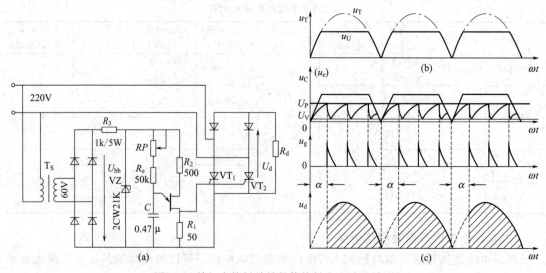

图 3-8　单相半控桥单结晶体管触发电路及波形

周开始时能从零开始充电，以使各半周控制角 α 一致。当 R_e 增大时，第一个脉冲出现时刻推迟，即 α 增大；R_e 减小时则 α 亦减小，从而达到调节整流电压的目的。为了简化电路，触发脉冲同时送到晶闸管的 VT$_1$、VT$_2$ 的门极，因为只有阳极电压为正的管子才能导通，故能保证两管轮流正常导通。图 3-8(c) 为电容 C 两端、触发脉冲以及直流输出电压波形。

如图 3-9 所示为两种单结晶体管的实用电路。其中图 3-9(a) 为单相交流调压电路，可用作调光、电熨斗、电烙铁、电炉等调温，也可用在单相交流电机的调压调速，30kΩ 电位器 RP 为调压旋钮，RP_5、RP_6 用作范围调整，晶闸管宜选用维持电流大的管子，有利于关断。图 3-9(b) 为单结晶体管组成的用小晶闸管放大脉冲的触发电路，脉冲放大后再输出去触发大电流晶闸管。电路利用三相交流中 $+u_W$ 相电压经 R_5、VD$_4$ 对电容 C_3 充电，极性为左正右负，然后由单结管触发小晶闸管 VT$_1$ 导通，使 C_3 上的电压经 VT$_1$ 管、脉冲变压器 T_P 一次侧放电、二次侧送出一定脉宽、幅值与功率很大的脉冲。为了扩大移相范围，触发电路的同步电压，由三相电压的 u_U、$-u_W$ 相通过二极管并联供给，使稳压管上的梯形波底宽扩大到 240°，输出脉冲的移相范围可达 180°。由于 $+u_W$ 相电压超前 $+u_U$、$-u_W$ 相，可保证先对 C_3 充电，然后再触发 VT$_1$ 管。

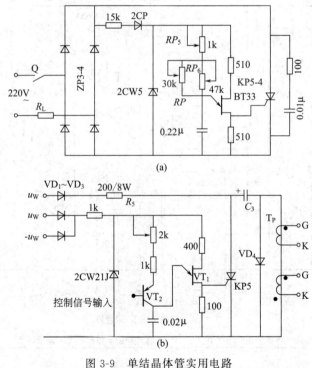

图 3-9　单结晶体管实用电路

第二节　同步电压为锯齿波的触发电路

一、同步电压为锯齿波的触发电路

图 3-10 是同步电压为锯齿波的触发电路。此电路可以输出单窄脉冲或双窄脉冲，以适用于有两个晶闸管同时导通的可控电路，例如三相全控桥。由于同步电压采用锯齿波，因此

不受电网电压波动的影响，增强了电路的抗干扰能力，而且电路全部采用硅管，温度稳定性较好。

该电路由以下五个基本环节组成：①同步环节；②锯齿波形成和脉冲移相控制环节；③脉冲形成、放大和输出环节；④双脉冲形成环节；⑤强触发环节。现分别分析如下。

（一）同步环节

同步环节由同步变压器 T_S、晶体管 VT_2、VD_1、VD_2、R_1 及 C_1 等组成。在锯齿波触发电路中，同步就是要求锯齿波的频率与主回路电源频率相同。在图 3-10 中，锯齿波是由开关管 VT_2 控制的，VT_2 由截止变为导通期间产生锯齿波，VT_2 截止持续时间就是锯齿波的宽度，VT_2 开关的频率就是锯齿波的频率。要使触发脉冲与主回路电源同步，必须使 VT_2 开关的频率与主回路电源频率达到同步。而同步变压器和整流变压器接在同一电源上，用同步变压器的二次电压来控制 VT_2 的通断，这就保证了触发脉冲与主回路电源的同步。

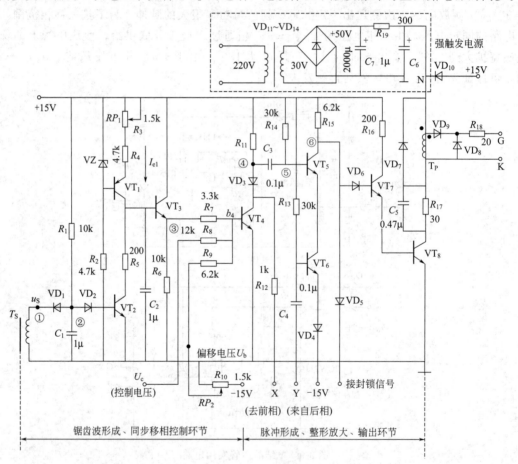

图 3-10 同步电压为锯齿波的触发电路（NPN 管）

同步变压器二次电压间接加在 VT_2 的基极上，当二次电压为负半周的下降段时，VD_1 导通，电容 C_1 被迅速充电，因下端为参考点，所以②点为负电位，VT_2 截止。在二次电压负半周的上升段，由于电容 C_1 已充至负半周的最大值，所以 VD_1 截止，+15V 通过 R_1 给电容 C_1 反向充电，当②点电位上升至 1.4V 时，VD_2 导通，②点电位被钳位在 1.4V。由此可见，VD_2 截止的时间长短与 C_1 反充电的时间常数 R_1C_1 有关。直到同步变压器二次电压的下一个负半周到来时，VD_1 重新导通，C_1 迅速放电后又被充电，VT_2 又变为截止。如此周而复始。在一个正弦波周期内，VT_2 包括截止与导通两个状态，对应锯齿波恰好是一个周期，与主回路电源频率完全一致，从而达到同步的目的。

（二）锯齿波形成和脉冲移相控制环节

电路采用由 VT_1、VZ、RP_1 和 R_4 组成的恒流源电路生成线性较好的锯齿波。其中恒流源向电容 C_2 充电，VT_2 作为同步开关控制恒流源对 C_2 的充放电过程。VT_3 为射极跟随器，起阻抗变换和前后级隔离作用，以减小后级对锯齿波线性的影响。

当 VT_2 管截止时，恒流源电流 I_{e1} 对 C_2 充电，C_2 两端电压 u_{C2} 为

$$u_{C2} = \frac{1}{C_2}\int I_{e1}\,dt = \frac{I_{e1}}{C_2}t \tag{3-3}$$

电压 u_{C2} 随时间 t 线性增大。式中 I_{e1}/C_2 为充电斜率，调节 RP_1 可改变 I_{e1}，从而调节锯齿波的斜率。当 VT_2 管导通时，因 R_5 阻值小，电容 C_2 经 R_5、VT_2 管迅速放电到零。所以，只要 VD_2 管周期性地关断导通，电容 C_2 两端就能得到线性良好的锯齿波电压。为了减小锯齿波电压与控制电压 U_c、偏移电压 U_b 之间的影响，锯齿波电压 u_{C2} 经射随器 VT_3 输出，从而得到锯齿波电压 u_{e3}。

VT_4 管的基极电位由锯齿波电压 u_{e3}、直流控制电压 U_c（正值）、直流偏移电压 U_b（负值）三个电压作用的叠加值所确定，它们分别通过 R_7、R_8、R_9 与 VT_4 的基极相接。根据叠加原理，分析 VT_4 管基极电位时，可以看成锯齿波电压 u_{e3}、控制电压 U_c 和偏移电压 U_b 三者单独作用的叠加。

当 VT_4 管基极 b_4 断开时，只考虑锯齿波电压 u_{e3} 作用（U_c、U_b 看作为零）时，b_4 点的电压为

$$u'_{e3} = \frac{R_8 /\!/ R_9}{R_7 + (R_8 /\!/ R_9)}u_{e3} = \frac{12 /\!/ 6.2}{3.3 + (12 /\!/ 62)} = 0.55u_{e3} \tag{3-4}$$

由式（3-4）可见，u'_{e3} 仍为锯齿波，但斜率比 u_{e3} 低。

只考虑控制电压 U_c 单独作用时，b_4 点的电压为

$$U'_c = \frac{R_7 /\!/ R_9}{R_8 + (R_7 /\!/ R_9)}U_c = \frac{3.3 /\!/ 6.2}{12 + (3.3 /\!/ 6.2)} = 0.15U_c \tag{3-5}$$

可见，U'_c 仍为与 U_c 平行的一直线，但数值比 U_c 小。

只考虑偏移电压 U_b 单独作用时，b_4 点电压为

$$U'_b = \frac{R_7 /\!/ R_8}{R_9 + (R_7 /\!/ R_8)}U_b = \frac{3.3 /\!/ 12}{6.2 + (3.3 /\!/ 12)} = 0.3U_b \tag{3-6}$$

可见，U'_b 仍为与 U_b 平行的一直线，但数值比 U_b 小。

因此，VT_4 管的基极 b_4 点的电压可表示为

$$u_{b4} = u'_{e3} + (U'_c - U'_b) \tag{3-7}$$

式中，$U'_c - U'_b$ 为负值。当三者合成电压 u_{b4} 为负时，VT_4 管截止；当合成电压 u_{b4} 由负过零变正时，VT_4 管由截止变为饱和导通，u_{b4} 被钳位到 0.7V。

触发电路工作时，常常将负偏移电压 U_b 调整到某值固定，改变控制电压 U_c，就可以改变 u_{b4} 的波形与时间横坐标的交点，也就改变了 VT_4 转为导通的时刻，从而改变了触发脉冲产生的时刻，改变了控制角 α 的大小，达到了移相的目的。设置负偏移电压 U_b 的目的是为了使 U_c 为正，实现从小到大单极性调节。通常设置 $U_c = 0$ 时为 α 角的最大值，作为触发脉冲的初始位置，随着 U_c 的增大，控制角 α 将逐渐减小，整流电路输出的直流电压将逐渐增大。锯齿波触发电路各点的电压波形如图 3-11 所示。

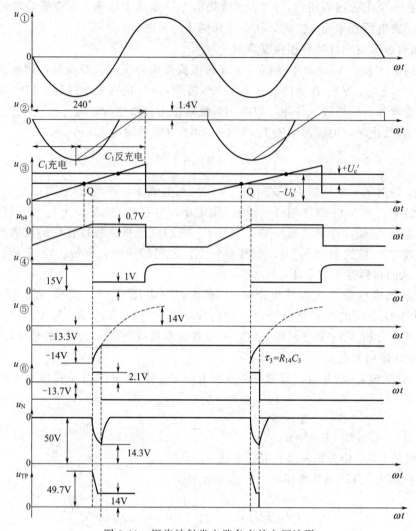

图 3-11 锯齿波触发电路各点的电压波形

（三）脉冲形成、放大和输出环节

图 3-10 中右部即为脉冲形成、放大和输出环节。其中脉冲形成环节由晶体管 VT$_4$、VT$_5$、VT$_6$ 组成；放大和输出环节由 VT$_7$、VT$_8$ 组成；控制电压 U_c 加在晶体管 VT$_4$ 的基极，触发脉冲由脉冲变压器 T$_P$ 二次侧输出，T$_P$ 一次侧绕组接在 VT$_8$ 管集电极中。

当 VT$_4$ 管基极电位 $u_{b4}<0.7$ 时，VT$_4$ 管截止。此时 VT$_5$、VT$_6$ 分别经 R_{14}、R_{13} 提供足够的基极电流使之饱和导通，因此⑥点电位为 -13.7V（二极管正向压降按 0.7V，三极管饱和压降按 0.3V 计算），VT$_7$、VT$_8$ 管处于截止状态，脉冲变压器无电流流过，二次侧无触发脉冲输出。此时电容 C_3 充电，充电回路为：+15V 电源端→R_{11}→C_3→VT$_5$ 发射结→VT$_6$→VD$_4$→-15V 电源端，C_3 充电电压为 28.3V，极性为左正右负。

当 VT$_4$ 管 $u_{b4}\approx0.7$V 时，VT$_4$ 管导通，④点电位由 +15V 迅速降为 1V 左右，由于电容 C_3 两端电压不能突变，使 VT$_5$ 的基极电位⑤点突降到 -27.3V，导致 VT$_5$ 管截止，VT$_5$ 的集电极电压升至 2.1V，于是 VT$_7$、VT$_8$ 导通，脉冲变压器二次侧输出脉冲。与此同时，电容 C_3 由 +15V 经 R_{14}、VD$_3$、VT$_4$ 放电后并反向充电，使⑤点电位逐渐升高，当

⑤点电位升到－13.3V时，VT_5 发射结正偏又转为导通，使⑥点电位从2.1V又降为－13.7V，迫使 VT_7、VT_8 管截止，输出脉冲结束。

由以上分析可知，输出脉冲产生的时刻是 VT_4 导通的瞬间，也是 VT_5 转为截止的瞬间。VT_5 截止的持续时间即为输出脉冲的宽度，因此脉冲宽度由 C_3 反向充电的时间常数（$\tau_3 \approx R_{14}C_3$）来决定，输出窄脉冲时，脉宽通常为1ms（即18°）。R_{16}、R_{17} 分别为 VT_7、VT_8 的限流电阻；VD_6 是为了提高 VT_7、VT_8 的导通阈值，增强抗干扰能力；电容 C_5 用于改善输出脉冲的前沿陡度；VD_7 是为了防止 VT_7、VT_8 截止时，脉冲变压器 T_P 一次侧的感应电动势与电源电压叠加造成 VT_8 的击穿；脉冲变压器二次侧所接的 VD_8、VD_9 是为了保证输出脉冲只能正向加在晶闸管的门极和阴极两端。

（四）双脉冲形成环节

对于三相全控桥整流电路要求触发脉冲必须采用宽脉冲或双窄脉冲，此电路可以实现双脉冲输出，相邻两个脉冲的间隔为60°。

在图3-10中，由 VT_5、VT_6 管构成一个"或"门电路，当 VT_5、VT_6 都导通时，VT_7、VT_8 管都截止，电路没有脉冲输出。显然，只要 VT_5、VT_6 中有一个管子截止，就会使 VT_7、VT_8 导通，电路就有触发脉冲输出。为此电路引出X、Y端，在本相触发电路输出脉冲的同时，由 VT_4 管的集电极经 R_{12} 的输出端X与前相触发电路的Y端相连，经电容 C_4 微分产生负脉冲使前相触发电路的 VT_6 管再截止一次，使前相触发电路输出滞后60°的第二个窄脉冲。对于三相全控桥电路，三相电源为U、V、W正相序时，六只晶闸管的触发顺序为 $VT_1 \rightarrow VT_2 \rightarrow VT_3 \rightarrow VT_4 \rightarrow VT_5 \rightarrow VT_6$，彼此间隔60°。为了得到双窄脉冲，六个触发电路的X、Y端可按图3-12所示方式连接，即后相的X端与前相的Y端相连接。

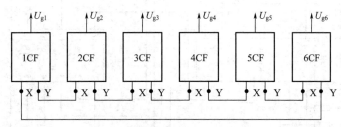

图3-12　触发电路X、Y端的连接

需要注意的是，使用这种触发电路的晶闸管装置，三相电源的相序必须是确定的。在安装使用时，必须先测定电源的相序，按照装置的要求正确连接，才能正常使用。如果电源的相序接反了，晶闸管装置将不能正常工作。

（五）强触发及脉冲封锁环节

晶闸管采用强触发可缩短开通时间，提高晶闸管承受电流上升率的能力，有利于改善串并联元件的动态均压与均流，增加触发的可靠性。因此在晶闸管串并联使用或全控桥等大中容量系统中，常采用输出脉冲幅值高、前沿陡的强触发环节电路。

图3-10中的右上角电路即为强触发环节。变压器 T_R 二次侧30V电压经单相桥式整流、电容电阻π型滤波后得到近似50V的直流电压。当 VT_8 导通时，C_6 经脉冲变压器一次侧、R_{17} 与 VT_8 迅速放电。由于放电回路电阻很小，N点电位迅速下降。当N点电位下降到14.3V时，VD_{10} 导通，脉冲变压器 T_P 改由+15V稳压电源供电。这时虽然50V电源也在向 C_6 再充电使它电压回升，但由于充电回路时间常数较大，N点电位只能被15V电源箝位在14.3V。当 VT_8 由导通变为截止时，50V电源又通过 R_{19} 向 C_6 充电，使N点电位再次升

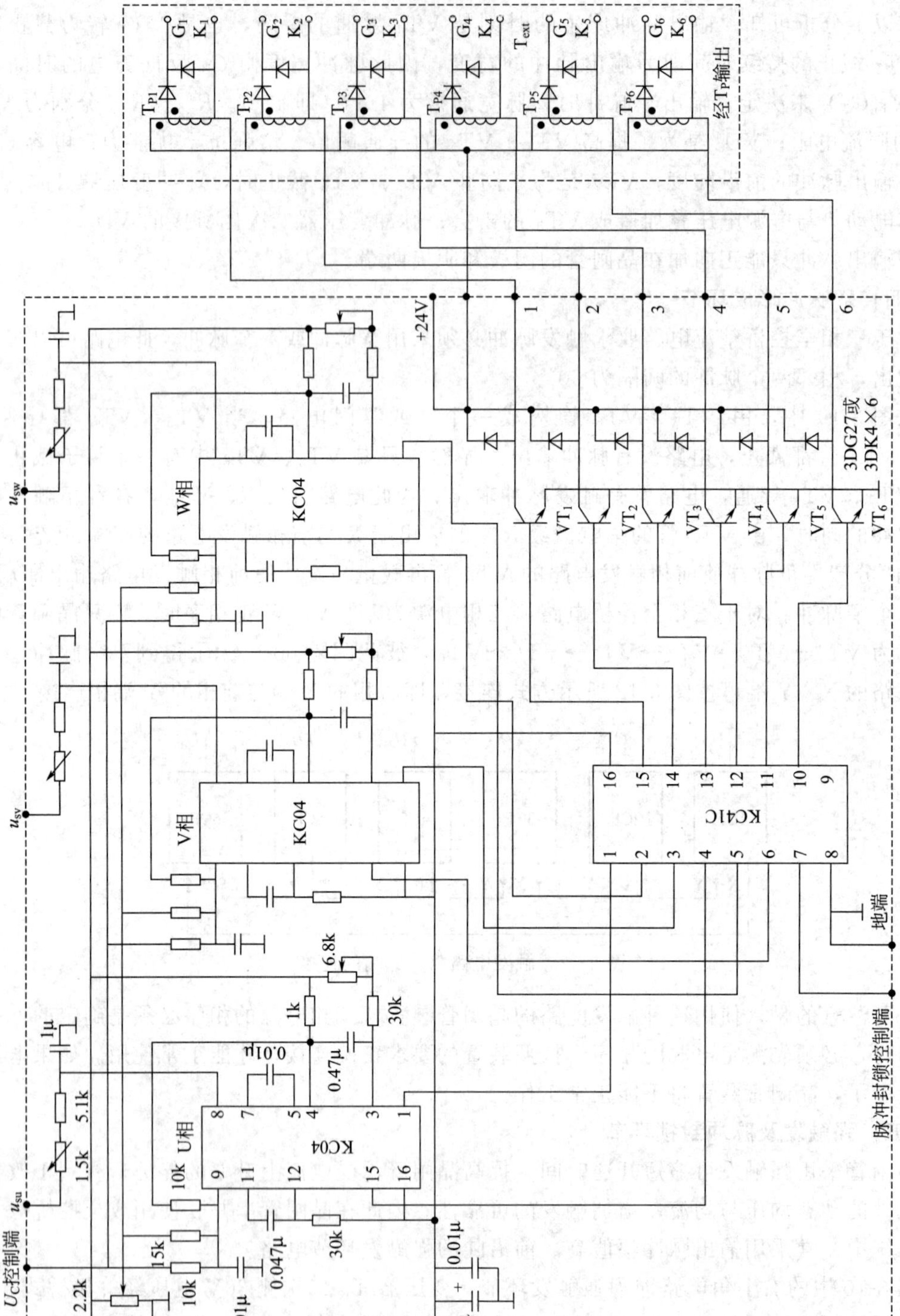

图 3-13 三相全控桥集成触发器

到 50V，为下一次强触发作准备，脉冲变压器一次侧电压 u_{TP} 近似如图 3-11 所示。

在事故情况下或在可逆逻辑无环流系统中，要求一组晶闸管桥路工作，另一组桥路封锁，这时可将脉冲封锁引出端接零电位或负电位，晶体管 VT$_7$、VT$_8$ 就无法导通，触发脉冲无法输出。串联二极管 VD$_5$ 是为了防止封锁端接地时，经 VT$_5$、VT$_6$ 和 VD$_4$ 到 -15V 之间产生大电流通路。

二、集成触发电路

电力电子器件及其门控电路的集成化和模块化是电力电子技术的发展方向，其优点是体积小、功耗小、温漂小、性能稳定可靠、接线调试维修方便等，近年来应用越来越广泛。相控集成触发器主要有 KC、KJ 两大系列共十余种，用于各种移相触发、过零触发、双脉冲形成以及脉冲列调制等场合。现以国产 KC04 移相触发器和 KC41C 六路双窄脉冲形成器所组成的三相全控桥集成触发器为例，介绍其原理结构与工作过程，电路如图 3-13 所示。

（一）KC04 移相集成触发器

KC04 移相触发器的内部电路与分立元件组成的锯齿波触发电路相似，也是由锯齿波形成、脉冲移相控制、脉冲形成及放大输出等基本环节组成。它适用于单相、三相全控桥装置

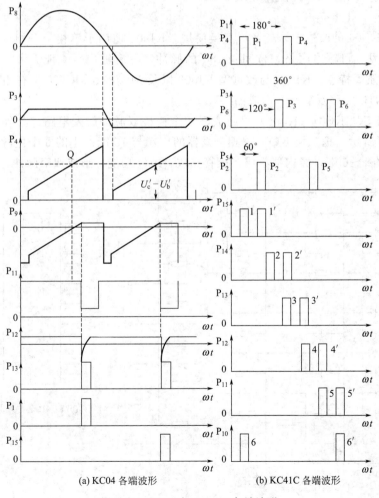

(a) KC04 各端波形　　　　(b) KC41C 各端波形

图 3-14　KC04 与 KC41C 各端波形

中作为晶闸管的双路脉冲移相触发。在电网的每个周期内，它能在 1 端和 15 端输出相位间隔 180°的两个窄脉冲。此外，16 端接+15V 电源，8 端接同步电压，但在同步电压输入前，需经 1.5kΩ 微调电位器、5.1kΩ 电阻和电容 1μF 组成的滤波移相，以达到消除同步电压高频谐波的侵入，提高集成电路的抗干扰能力。所配的阻容参数，使同步电压约后移 30°，可以通过微调电位器的调整，确保输出脉冲间隔均匀。4 端形成的锯齿波，可以通过调节 6.8kΩ 电位器使三片集成块产生的锯齿波斜率一致。9 端为锯齿波、直流偏移电压 $-U_b$ 和控制移相直流电压 U_c 的综合比较输入端。13 端可提供脉冲列调制和脉冲封锁的控制。KC04 移相触发器各端的电压波形如图 3-14(a) 所示。

KC04 移相触发器的主要技术数据如下。

电源电压：DC±15V，允许波动±5%

电源电流：正电流≤15mA，负电流≤8mA

移相范围：≥170°（同步电压 30V，R_4 为 15kΩ）

脉冲宽度：400μs～2ms

脉冲幅值：≥13V

最大输出能力：100mA

正负半周脉冲相位不均衡范围：±3°

环境温度：-10～70℃

KC09 是 KC04 的改进型，二者可互换使用。KJ004 适用于单相、三相全控桥式整流电路中的移相触发，可输出两路相位间隔 180°的脉冲，具有输出负载能力大、移相性能好以及抗干扰能力强等特点。KJ004 与改进型 KJ009 以及 MC787、MC788 具有相同的功能。

（二）KC41C 六路双窄脉冲形成器

KC41C 与三块 KC04（KC09）可组成三相全控桥双脉冲触发电路，其外形和内部原理电路如图 3-15 所示。把三块 KC04 移相触发器的 1 端与 15 端产生的 6 个主脉冲分别接到集成块 KC41C 的 1～6 端，经内部集成二极管完成"或"功能，形成双窄脉冲，再由内部 6 个

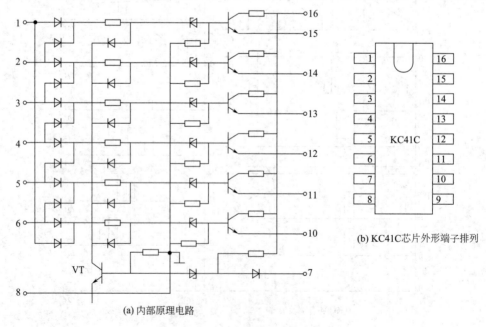

(a) 内部原理电路

(b) KC41C芯片外形端子排列

图 3-15 KC41C 六路双脉冲形成器

集成三极管放大，从 10～15 端输出并外接到 VT_1～VT_6 晶体管的基极作功率放大可得到 800mA 的触发脉冲电流，供触发大电流的晶闸管（见图 3-13）。KC41C 不仅具有双窄脉冲形成功能，而且具有电子开关封锁控制功能，当 7 端接地或处于低电位时，内部集成开关管 VT 截止，各路正常输出脉冲；当 7 端接高电位或悬空时，VT 饱和导通，各路无脉冲输出。KC41C 各端子的脉冲波形如图 3-14(b) 所示。

第三节　触发电路与主电路电压同步配合与调试

一、同步的概念及意义

同步（定相），就是要求触发电路送出的触发脉冲与晶闸管承受的电源电压之间必须保持频率一致和相位固定。这样才能使触发脉冲出现在被触发晶闸管承受正向电压的区间，确保主电路各晶闸管在每一个周期中按相同的顺序和控制角被触发导通。在常用的锯齿波移相触发电路中，送出脉冲的时刻是由接到触发电路不同相位的同步电压 u_s 来定位，并改变控制与偏移电压的大小来实现移相。因此，通过同步变压器 T_s 的不同接线组别向各触发单元提供不同相位的交流电压（即同步电压 u_s），就能确保主电路中各晶闸管按规定的顺序和时刻得到触发脉冲并有序的工作。

同步的概念有两层含义：一是触发脉冲的频率与主电路电压的频率必须一致；二是输出触发脉冲的相位应满足主电路电压相位的要求。在安装、调试晶闸管变流装置时，可能会发生这种现象：分别检查晶闸管主电路和各项触发电路均属正常，但连接起来工作就不正常，输出电压的波形很不规则，这种故障很可能是由于不同步造成的。

二、实现同步的方法

触发电路要与主电路电压取得同步，首先主电路整流变压器与触发电路的同步变压器应由同一电网供电，保证电源频率一致；其次要根据主电路的形式选择合适的触发电路；然后依据整流变压器的接线组别、主电路的形式、负载的性质确定触发电路的同步电压；最后通过同步变压器的不同接线组别或配合阻容滤波移相，得到所要求相位的同步信号电压。

由于同步变压器二次绕组要分别接到各单元触发电路，而各单元触发电路有公共接地端，所以，二次侧不允许采用三角形接法，只能采用星形连接，因此同步变压器只有 Dy（△/丫）与 Yy（丫/丫）两种连接形式，即三相同步变压器共有 12 种接法。三相同步变压器的连接组别可用钟点法表示，即以三相变压器一次侧任一线电压作为参考矢量，画成垂直向上的箭头，作为时钟长针指向 12 点位置，然后画出对应二次侧线电压矢量作为短针方向，短针指在几点钟就是几点钟接法。例如，短针指在 5 点钟，从矢量逆时针旋转来看，短针落后长针 150°（每个钟点为 30°），说明此种接法的变压器二次侧线电压落后一次侧对应线电压 150°。三相同步变压器的 12 种接法与钟点数如图 3-16 所示。

对同步变压器接线组别的确定，可采用简化电压相量图解方法。实现同步的具体步骤如下。

① 根据主电路所要求的移相范围和触发电路可提供的移相范围，选取移相控制方案。以 VT_1 管的阳极电压 u_U 与触发电路 1CF 的同步电压 u_{su} 之间的关系为例，确定同步电压与对应晶闸管阳极电压之间相位关系的波形图及相量图。

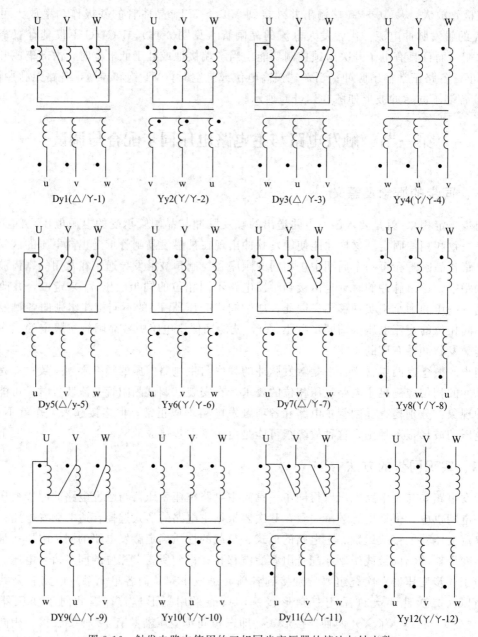

图 3-16 触发电路中使用的三相同步变压器的接法与钟点数

② 根据整流变压器 T_R 的接法与钟点数，先画出 $\dot{U}_{U1V1}$ 与 $\dot{U}_U$ 相位关系的相量图，再画出根据第一步确定的 $\dot{U}_{su}$ 与 $\dot{U}_U$ 相位关系，画出 $\dot{U}_{U1V1}$ 与 $\dot{U}_{su}$ 以及 $\dot{U}_{U1V1}$ 与 $\dot{U}_{suv}$ 的简化相量图。

③ 根据同步变压器一次电压 $\dot{U}_{U1V1}$ 与二次线电压 $\dot{U}_{suv}$ 的相量位置，确定同步变压器的钟点数与接法。然后只需把同步变压器二次电压 u_{su}、u_{sv}、u_{sw} 分别接到晶闸管 VT_1、VT_3、VT_5 的触发电路；$u_{s(-u)}$、$u_{s(-v)}$、$u_{s(-w)}$ 分别接到晶闸管 VT_4、VT_6、VT_2 的触发电路，就能保证触发电路与主电路同步。

【例】 三相全控桥式整流电路如图 3-17(a) 所示，直流电动机负载，不要求可逆运行，

整流变压器 T_R 为 Dy5 接线组别，触发电路采用上节介绍的锯齿波同步触发电路。考虑到锯齿波起始段的非线性，留出 60°余量不用。试按简化相量图的方法来确定同步变压器的接线组别和同步变压器与触发电路的接法。

解 以 VT_1 管的阳极电压 u_U 与相应的触发电路 1CF 的同步电压 u_{su} 定相为例，其余各管可根据相位关系依次确定。

① 确定 VT_1 管的同步电压与主电路电压的关系。根据题意，采用锯齿波触发电路（NPN 管），要保证触发电路的正常工作，触发脉冲应在锯齿波的宽度范围内（0°～240°）出现（KC04 集成触发电路锯齿波宽度范围 0°～180°）。同步电压与锯齿波的关系如图 3-17(d) 所示，而主电路要求移相范围为 0°～90°，并考虑到锯齿波起始段的非线性，留出 60°余量不用。所以可在剩余的 240°−60°=180°的范围内任意截取连续的 90°，其起点与 $\alpha = 0°$相对应，即可满足要求。本例截取锯齿波范围为 60°～150°与主电路 $\alpha = 0°$～90°相对应。u_{UV}、u_U 与同步电压 u_{su} 的波形如图 3-17(d) 所示，要求同步电压 $\dot{U}_{su}$ 相量应滞后 $\dot{U}_U$ 相量 150°。

② 确定同步变压器的接线组别。画出 TR-Dy5 及能满足 $\dot{U}_{su}$ 滞后 $\dot{U}_U$150° 的 T_S 的相量图，如图 3-17(c) 所示。由相量图可知，同步变压器 T_S 二次侧 $\dot{U}_{suv}$ 相量在 10 点钟位置，

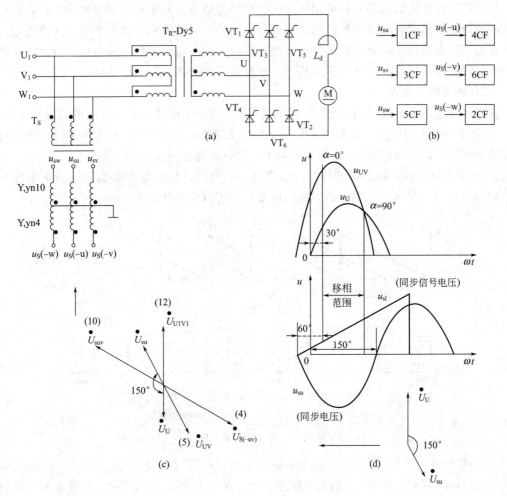

图 3-17 同步定相例图解

而一次侧 $\dot{U}_{\mathrm{U1V1}}$ 相量在 12 点钟的位置，故同步变压器的接线组别应为 Ts-Yyn10，yn4。

③ 确定同步电压与各触发电路的接法。根据求得的同步变压器的接线组别，就可以画出其绕组接线，如图 3-17（b）所示，然后将 u_{su}、u_{sv}、u_{sw} 分别接到触发电路 1CF、3CF、5CF 的同步电压输入端；$u_{\mathrm{s(-u)}}$、$u_{\mathrm{s(-v)}}$、$u_{\mathrm{s(-w)}}$ 分别接到触发电路 4CF、6CF、2CF 的同步电压输入端，即能保证触发脉冲与主电路同步。

由上面例题的分析可知，对于不同电路结构的触发电路，应注意触发脉冲的产生范围；相同的主电路、相同的触发电路要实现同步配合，采用的同步变压器的接线组别可以不相同，例如本例中可截取锯齿波 30°～120°。

在实际应用过程中往往在同步变压器与触发电路中间加入滤波、移相环节，同步电压通过阻容电路后，相位后移一定的角度。在进行同步配合时必须加以考虑。

三、触发电路的调试

在晶闸管整流设备投入运行之前或故障检修后，为保证主电路的可靠工作，必须要对触发电路进行调试。以三相全控桥式整流电路的锯齿波触发电路为例，介绍其调试方法。

（一）确定电源相序

晶闸管相控整流电路各元件的阳极电压的相序和触发器同步电压必须保持一致，否则触发脉冲的相位与晶闸管阳极电压的相位不能同步，会造成整流电压波形混乱，所以通电前必须检查相序。检查相序的方法很多，可采用示波器、相序指示器等。重点应检查主变压器的二次侧与同步变压器的二次侧的相对相序、相位是否符合接线原理图的要求。

（二）调试触发电路

接通触发电路的电源（同步电源、直流电源），切断主电路电源，单独调试触发电路。

① 调整各触发器的锯齿波斜率电位器 RP_1，用双踪示波器依次测量相邻两块触发板的锯齿波电压波形，间隔应为 60°，斜率要基本一致，波形如图 3-18（a）所示。

② 观察各触发器的输出触发脉冲，如果 X、Y 端不连接，输出触发脉冲为单窄脉冲如图 3-18（b）所示。当 X、Y 连接后，输出触发脉冲为双窄脉冲如图 3-18（c）所示。

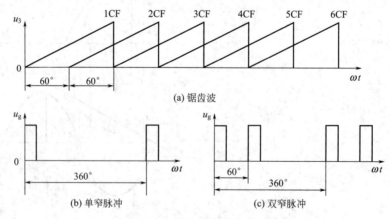

图 3-18　锯齿波与触发脉冲

③ 偏移直流电压 U_b 的调节。触发电路正常后，调节 RP_2 电位器，使 $U_c=0$ 时，初始脉冲应对应 $\alpha=90°$ 处。调节 U_c 的大小使控制角 α 在 0°～90° 范围内变化。注意：对于不同的负载要求控制角 α 的变化范围不同。

（三）带负载调试

① 主电路接电阻性负载，接通主电路电源使整个电路工作，逐渐增加控制电压 U_c，观察输出电压、电流、波形及控制角 α 的变化情况，作进一步的调试使 $U_c=0$ 时，输出电压、电流为零；U_c 最大时，输出电压为负载额定电压。

② 不同的负载要求也不相同，如电动机负载要求 $\alpha=90°$ 时，即 $U_c=0$ 时，电动机不应爬行；而对于电感性负载要求控制角 α 的范围为 $0°\sim120°$，带负载调试是非常必要的。

第四节　晶闸管直流调速系统实例

JZT 系列电磁调速异步电动机（即滑差电动机）是一种交流无级变速电动机。它由普通 JO_2 型异步电动机（作为原动机）、电磁离合器以及晶闸管调速控制器等三部分组成。本节介绍 ZLK-1 型晶闸管调速控制器，它可以控制 JZT 电磁调速异步电动机实现无级调速控制，系统组成的原理框图如图 3-19 所示。

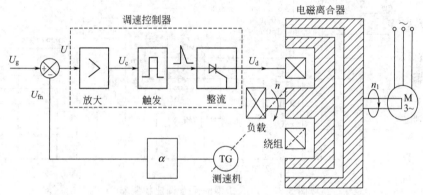

图 3-19　具有速度反馈的电磁离合器调速系统原理框图

当笼型异步电动机带动电磁转差离合器的电枢旋转时，电枢切割由励磁电流产生的磁力线，从而在电枢中产生涡流，此涡流与转子磁极相互作用，使磁极转子跟随电枢同方向旋转。在负载转矩与异步电动机转速一定时，增大磁极励磁电流，电动机与磁极转子之间的作用力增大，导致生产机械的转速升高；反之则使转速下降。ZLK-1 型晶闸管调速控制器如图 3-20 所示。在此电路中，通过调节给定电压 U_g 的大小，就可改变晶闸管主电路移相控制角 α 的大小，从而改变电磁离合器励磁电流的大小，实现无级调速，并且通过转速负反馈环节的调节，使系统恒速运行。

ZLK-1 型晶闸管调速控制器由给定环节、转速负反馈环节、前置放大环节、移相触发器以及单相半波可控整流电路等部分组成。现分别介绍如下。

1.给定与转速负反馈环节

转速给定电压 U_g 由单相桥式整流、阻容滤波、稳压管稳压后得到，通过调节 RP_1 即可调节给定电压 U_g 的大小。与负载同轴连接的三相交流测速发电机发出三相交流电，经三相桥式整流、大电容滤波后加在电位器 RP_2 的两端。通过调节 RP_2 即可调节转速负反馈信号 U_{fn} 的大小。

2.前置放大环节

给定电压 U_g 与转速负反馈电压 U_{fn} 进行比较后得到偏差电压 ΔU（$\Delta U=U_g-U_{fn}$），

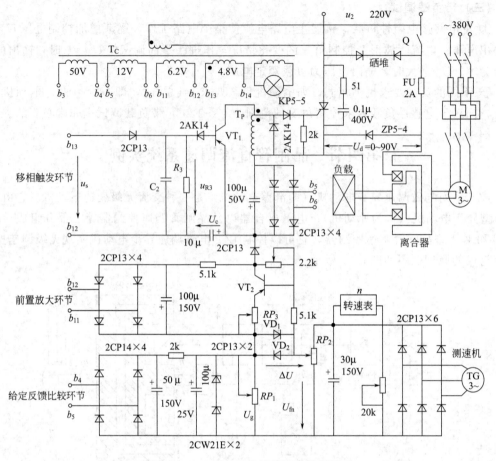

图 3-20　ZLK-1 型晶闸管调速控制器

ΔU 经 VT_2 管组成的电压放大器放大后，由 VT_2 管集电极 $5.1k\Omega$ 电阻输出，作为移相触发器的移相控制电压 U_c。图中的反并联二极管 VD_1、VD_2 为正反向输入限幅器。

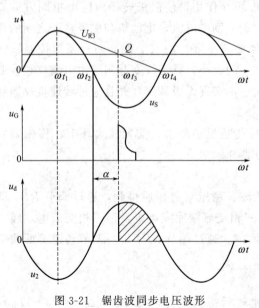

图 3-21　锯齿波同步电压波形

3. 移相触发器与可控整流主电路

触发器采用同步电压为锯齿波的单只晶体管触发电路。控制变压器 T_C 的二次侧绕组 b_{13}、b_{14} 端提供 4.8V 的同步电压 u_S。在 $0\sim\omega t_1$ 区间时，u_S 给电容 C_2 充电，因充电回路时间常数很小，故 u_{c2} 波形与 u_S 波形相重合。在 $\omega t_1\sim\omega t_4$ 区间，电容 C_2 通过电阻 R_3 放电，在 R_3 上得到近似的锯齿波电压。波形如图 3-21 所示。

移相控制电压 U_c 与锯齿波电压 U_{R3} 串联叠加，控制晶体管 VT_1 的导通。在 ωt_3 时刻即 Q 点，VT_1 管由截止转为导通状态，脉冲变压器 T_P 二次侧送出触发脉冲，使主电路晶闸管被触发导通，输出直流电压 U_d。改变 U_c，就改变了 Q 点的位置，改变了控制角 α 的大小，从而改变滑差电动机的转速。由图 3-21 可知，为了保证电路同步，晶闸管的阳极电压 u_2 与触发电路同步电压 u_S 相应应相反。

此系统的调速过程为：若要调高转速，通过调节给定电位器 RP_1，使 U_g 增大，则偏差电压 $\Delta U = U_g - U_{fn}$ 增大，ΔU 经 VT_2 管放大后输出的移相控制电压 U_c 也变大，Q 点上移，VT_1 管提前导通送出触发脉冲，控制角 α 变小，输出直流电压 U_d 变大，离合器励磁电流 i_d 变大，从而使离合器转速升高，则转速负反馈电压 U_{fn} 也增大，直到 $U_{fn} \approx U_g$，系统在较高转速下稳定运行。若运行中负载 R_L 增大，转速将瞬间下降，于是偏差电压 ΔU 立即变大，U_c 变大，从而使励磁电流 i_d 变大，转速又很快地回升到原来的转速稳定运行。

这种调速系统结构简单、价格低廉、工作可靠、机械特性较硬、调速范围较宽且具有过载保护，广泛应用于一般的工业设备中。主要缺点是，低速运行时损耗大、效率低。因此适用于要求有一定调速范围且又经常运行在高速的装置中。

小　结

用于晶闸管相控整流电路的驱动控制电路就是晶闸管触发电路。触发电路分为：简单触发电路、单结晶体管触发电路、晶体管触发电路、集成触发电路以及计算机数字触发电路等。简单触发电路用于要求不高的小功率系统；单结晶体管触发电路结构简单、调试方便、输出脉冲前沿陡、抗干扰能力强，常用于中小容量晶闸管变流装置；而晶体管触发电路以及集成触发电路常用于大容量的晶闸管装置。对于本章内容，首先应明确对触发电路的要求，重点熟悉同步信号为锯齿波的触发电路的组成、原理，熟悉集成触发芯片组成的三相桥式相控整流电路的触发电路，掌握实现触发电路与主电路电压取得同步的方法及触发电路的调试。此外，通过对晶闸管相控整流电路应用实例的学习，学会晶闸管应用装置的分析方法，并提高识图能力。

思考题与习题

1．晶闸管整流电路对触发电路的要求有哪些？

2．用分压比为 0.6 的单结晶体管组成的振荡电路，$U_{bb} = 20V$，问峰值电压 U_p 为多大？若管子 b_1 端或 b_2 端虚焊，则电容两端电压约为多少？

3．单结晶体管自激振荡电路是根据单结晶体管的什么特性组成的？其振荡频率的高低是由什么决定的？

4．单结晶体管触发电路的稳压管两端并接滤波电容能否工作？为什么？

5．采用单结晶体管的单相半波可控整流电路如图 3-22 所示，试画出 $\alpha = 90°$ 时，图中①～③及 u_d 的波形？

6．图 3-23 为电动机正反转定时控制电路，可在要求均匀搅拌等定时正反转的机械装置上使用。调节 RP_1（电阻为 220kΩ）能改变正转工作时间。调节 RP_2（电阻为 220kΩ）能改变反转工作时间。试说明电路的工作原理。

7．移相式触发电路通常由哪些基本环节组成？

8．锯齿波触发电路有什么缺点？锯齿波的底宽是由什么元件参数决定的？输出脉宽是如何调整的？双窄脉冲与单宽脉冲相比有什么优点？

9．触发电路中设置的控制电压 U_c 与偏移电压 U_b 各起什么作

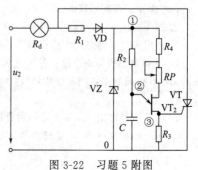

图 3-22　习题 5 附图

用？在使用中如何调整？

10.密勒积分式锯齿波移相触发电路如图 3-24 所示，它由哪些基本环节组成？并画出图中①～⑦点以及输出触发脉冲的波形。

11.采用集成触发电路有什么优越之处？

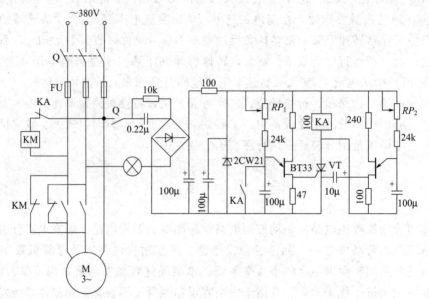

图 3-23 习题 6 附图

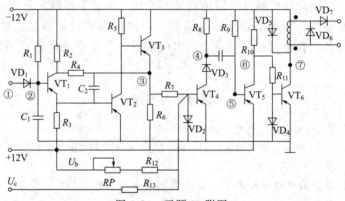

图 3-24 习题 10 附图

12.什么叫同步？说明实现触发电路与主电路同步的步骤。

13.三相桥式全控整流电路，整流变压器 T_R 接法为 Dy7，触发电路采用 NPN 管锯齿波同步移相触发电路，考虑锯齿波起始段的非线形，留出 60°裕量，求

① 同步电压 u_s 与对应主电压的相位关系；

② 画出矢量图确定同步变压器 T_S 的接法与钟点数。

14.三相全控桥整流电路，整流变压器 T_R 接法为 Dy5，触发电路采用 NPN 管锯齿波触发电路，要求电路工作在整流状态，同步变压器 T_S 经阻容移相滤波后输出电压 u_s'，而 u_s' 滞后 u_s 30°，再接到触发电路。试求

① 同步信号电压 u_{su} 与对应晶闸管阳极电压 u_U 的相位。

② 确定同步变压器 T_S 的钟点数。

第四章　晶闸管有源逆变电路

在生产实际中，除了将交流电变换为大小可调的直流电外，有时还需将直流电变换为交流电。将直流电变换为交流电的过程称为逆变，能够实现逆变的电路就是逆变电路。逆变电路分为有源逆变电路和无源逆变电路。有源逆变是将直流电变换成和电网同频率的交流电并反馈到交流电网，有源逆变的过程为：直流电→逆变器→交流电→交流电网。而无源逆变是将直流电变换成某一频率或频率可调的交流电直接供给负载使用。其过程为：直流电→逆变器→交流电（频率可调）→用电器。本章主要研究晶闸管有源逆变电路。

第一节　有源逆变的基本工作原理

有源逆变常用于直流可逆调速系统、交流绕线式转子异步电动机串级调速以及高压直流输电等方面。对于相控整流电路而言，只要满足一定条件，即可工作于有源逆变状态。

一、有源逆变的工作原理

（一）两电源间功率的传递

整流和有源逆变的根本区别就表现在能量传送方向上的不同。因此在分析有源逆变电路的工作原理时，正确把握电源间能量的传送关系至关重要。

如图 4-1 所示，两个直流电源 E_1 和 E_2 可有三种相连的电路形式。图 4-1(a) 表示两电源同极性相连。当 $E_1 > E_2$ 时，电流 I 从 E_1 流向 E_2，回路电流 I 大小为

$$I = \frac{E_1 - E_2}{R} \tag{4-1}$$

式中，R 为回路总电阻。此时电源 E_1 输出的功率为 $P_1 = E_1 I$，其中一部分功率为 R 所消耗 $P_R = (E_1 - E_2)I = I^2 R$。其余部分则被电源 E_2 所吸收 $P_2 = E_2 I$。在上述情况中，

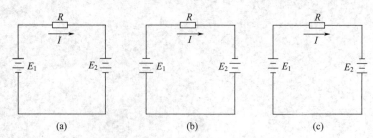

图 4-1　两个直流电源间的功率传递

输出功率的电源其电势方向与电流方向一致，而吸收功率的电源则二者方向相反。

在图 4-1(b) 中，将两电源的极性均反过来，若 $E_2 > E_1$，则电流方向不变，但功率反送，即电源 E_2 输出功率，电源 E_1 吸收功率。

在图 4-1(c) 中，两电源反极性相连，此时电流大小为

$$I = \frac{E_1 + E_2}{R} \tag{4-2}$$

这时电源 E_1 和 E_2 同时输出功率向回路电阻 R 供电，输出的功率全部消耗在电阻 R 上。两电源输出的功率为 $P_1 = E_1 I$、$P_2 = E_2 I$；电阻上消耗的功率为 $P_R = (E_1 + E_2)I = I^2 R$。若 R 电阻值很小，则电路中的电流必然很大；若 $R = 0$ 则造成两电源间短路。

综上所述，可得如下结论。

① 电流从电源的正极端流出者为输出功率，电流从电源的正极端流入者为吸收功率。其输出或吸收功率的大小则由电势与电流的乘积决定，若电势或电流方向改变，则功率的传送方向也随之改变。

② 两电源同极性相连，电流总是从电势高的电源流向电势低的电源，电流大小则取决于两电势之差和回路电阻。若回路电阻很小，则很小的电势差，也足以产生较大的电流，使两电源间交换很大的功率。

③ 两电源反极性相连时，电势数值相加。若回路的总电阻很小，则形成短路，应当避免发生这种情况。

（二）有源逆变的工作原理

图 4-2(a) 中有两组单相桥式整流电路，通过开关 Q 与直流电动机负载相连接。假设首先将开关 Q 掷向 1 位置，Ⅰ 组晶闸管的控制角 $\alpha_Ⅰ < 90°$，电路工作在整流状态，输出波形如图 4-2(b) 所示。输出电压 $U_{dⅠ}$ 上正下负，电动机作电动运行，流过电枢的电流为 i_1，电动机的反电势 E 上正下负。此时交流电源通过晶闸管装置输出功率，电动机吸收功率。

如果给 Ⅱ 组晶闸管加触发脉冲且 $\alpha_Ⅱ < 90°$，其输出电压 $U_{dⅡ}$ 为下正上负。当开关 Q 快速掷向 2 后，由于机械惯性，电动机的电势 E 不变，仍为上正下负，从而形成两电源反极性串联，电动机和 Ⅱ 组晶闸管都输出功率，消耗在回路电阻上。因回路电阻很小，将产生很大电流，相当于短路事故，这是不允许的。这就是图 4-1(c) 所示情况。

当 Q 掷向 2 的同时，使Ⅱ组晶闸管的控制角 α 调整到大于 90°，这时其输出电压为 $U_{dⅢ} = U_{d0} \cos\alpha_Ⅱ$，因 $\alpha_Ⅱ > 90°$，故输出波形如图 4-2(c) 所示。显然，$U_{dⅢ}$ 为负值，极性为上正下负。若使 $|U_{dⅢ}| < |E|$，且假设电动机的转速暂不变，因而 E 也不变，Ⅱ组晶闸管在 E 和 u_2 的作用下导通，产生电流 i_2，方向如图 4-2(a) 所示。此时电动机输出功率，运行在发电制动状态，Ⅱ组晶闸管吸收功率送回交流电网。这就是有源逆变，与图 4-1(b) 所示情况一致。

由图 4-2(c) 中波形可见，单相全控桥电路工作在逆变状态时的输出电压控制原理与整

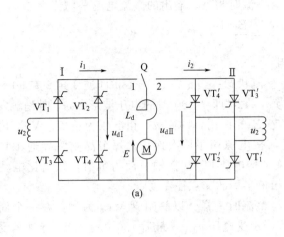

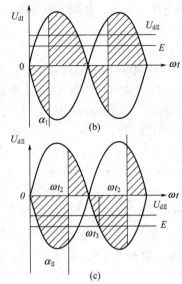

图 4-2　单相桥式整流电路的整流与逆变原理

流时相同，只不过控制角 α 大于 $90°$，输出电压为 $U_d = 0.9U_2\cos\alpha$。为了计算方便，引入逆变角 β，令 $\alpha = \pi - \beta$，用电角度表示为 $\alpha = 180° - \beta$，所以有

$$U_d = 0.9U_2\cos\alpha = 0.9U_2\cos(180° - \beta) = -0.9U_2\cos\beta \tag{4-3}$$

逆变角为 β 时的触发脉冲位置可从 $\alpha = 180°$ 时刻向左移 β 来确定。

由以上分析及图 4-2 所示波形可见，在有源逆变时，晶闸管在交流电源的负半周导通的时间较长，即输出电压 U_d 波形负面积大于正面积，电压平均值 $U_d < 0$，直流平均功率的传递方向是由电动机返送到交流电源。当工作在整流状态时，为正面积大于负面积，平均电压 $U_d > 0$，直流平均功率的传递方向是交流电源经变流装置送往直流负载。因此，对于同一套变流装置，当 $\alpha < 90°$ 时工作在整流状态；当 $\alpha > 90°$ 时工作在逆变状态；当 $\alpha = \beta = 90°$ 时，输出电压平均值 $U_d = 0$，电流 I_d 也等于零，交直流两侧没有能量交换。

综上所述，实现有源逆变的条件可总结如下。

① 变流装置的直流侧要有直流电源 E，其大小要大于由 α 决定的直流输出电压 U_d，即 $|E| > |U_d|$，其方向应使晶闸管承受正向电压。

② 变流装置必须工作在逆变角 $\beta < 90°$（即控制角 $\alpha > 90°$）区间，使 $U_d < 0$，这样才能将直流功率逆变为交流功率返送至交流电网。

③ 上述两条是实现有源逆变的必要条件。为了保证在逆变过程中电流连续，逆变电路中一定要串接大电感。

对于半控桥式晶闸管电路或直流侧接有续流二极管的电路不可能输出负电压，而且也不允许在直流侧接上反极性的直流电源，所以这些电路不能实现有源逆变。

二、常用晶闸管有源逆变电路

（一）三相半波有源逆变电路

三相半波有源逆变电路如图 4-3(a) 所示。电动机电动势 E 的极性下正上负，当控制角 $\alpha > 90°$，即 $\beta < 90°$ 且 $|E| > |U_d|$ 时，由于电路中接有大电感，符合有源逆变的条件，故电路可实现有源逆变。变流器输出的直流电压为

$$U_d = U_{d0}\cos\alpha = -U_{d0}\cos\beta = -1.17U_2\cos\beta \tag{4-4}$$

式中输出电压为负值，说明电压的极性与整流时相反。输出的直流电流平均值为

$$I_d = \frac{E - U_d}{R_\Sigma} \tag{4-5}$$

式中　R_Σ——电动机电枢回路的总电阻。

当控制角 α 在 $0°\sim 90°$ 时电路工作在整流状态；当 α 在 $90°\sim 180°$ 即逆变角 β 在 $90°\sim 0°$ 时电路工作在有源逆变状态。图 4-3（b）为 $\alpha = 120°$ 即 $\beta = 60°$ 时的电压波形。ωt_1 时刻触发脉冲 U_{g1} 触发晶闸管 VT_1 导通。因为有电动势 E 的作用，即使 u_U 相电压为负值，VT_1 仍有可能承受正压而导通。然后，与整流一样，按电源相序依次换相，每个晶闸管导通 $120°$。输出电压 u_d 波形如图阴影部分所示，直流平均电压 U_d 在横轴下面为负值，数值比电动势 E 小。注意，逆变角 β 的计算从对应相邻相负半周的交点往左度量。

逆变时晶闸管两端电压波形的画法与整流时一样。以晶闸管 VT_1 为例，在一个周期内导通 $120°$，接着 $120°$ 内因 VT_3 管导通管子承受电压 u_{UV}，最后 $120°$ 由于 VT_5 导通承受电压 u_{UW}。u_{T1} 波形如图 4-3（c）所示，逆变时总是正面积大于负面积。

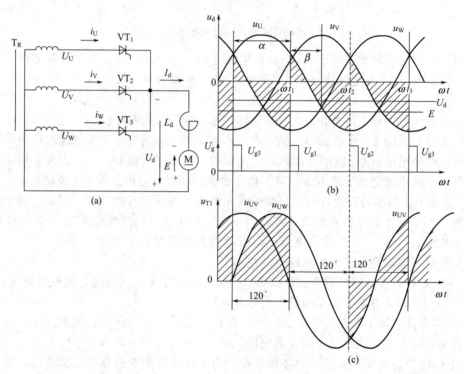

图 4-3　三相半波有源逆变电路

（二）三相全控桥有源逆变电路

三相全控桥有源逆变电路工作与整流时一样，即要求每隔 $60°$ 依次轮流触发晶闸管使其导通 $120°$，触发脉冲必须是宽脉冲或双窄脉冲。逆变时直流侧电压计算公式为

$$U_d = -2.34 U_{2\Phi} \cos\beta \tag{4-6}$$

图 4-4 为 $\beta = 30°$（即 $\alpha = 150°$）时三相全控桥直流输出电压 u_d 的波形。共阴极组在触发脉冲 U_{g1}、U_{g3}、U_{g5} 触发换流时，晶闸管由阳极电压低的管子换到阳极电压高的管子，因此在相电压波形中触发时电压上跳；共阳极组 U_{g2}、U_{g4}、U_{g6} 触发换流时，由阴极电位高的管子换到阴极电位低的管子，所以触发时电压波形下跳。晶闸管承受的电压波形与三相半波有源逆变电路相同。

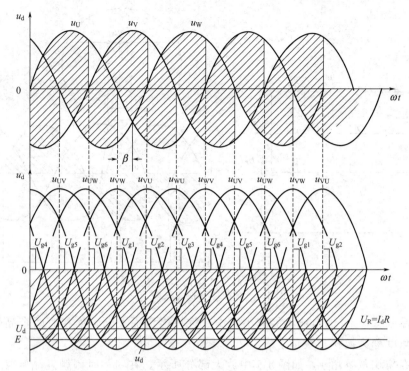

图 4-4　$\beta = 30°$ 时三相全控桥有源逆变电路的 u_d 波形

第二节　逆变失败与逆变角的限制

当变流装置工作在有源逆变状态时，若出现输出电压 U_d 与直流电源 E 顺极性串联，或由于换相失败造成直流电源 E 通过晶闸管电路形成短路，由于逆变电路的内阻很小，必然形成很大的短路电流流过晶闸管和负载，从而造成事故，这种情况称为逆变失败或逆变颠覆。

一、逆变失败的原因

晶闸管整流电路工作在整流状态时，如果出现晶闸管损坏、触发脉冲丢失或熔断器熔断时，将导致整流电路缺相，使直流电压减小，一般不会使故障进一步地扩大。但在逆变状态时如发生上述情况，其结果要严重得多，将造成逆变失败。

以三相半波电路为例，如图 4-5 所示，当 U 相晶闸管 VT_1 导通到 ωt_4 时，在正常情况下 U_{g2} 触发 VT_2 管换到 V 相导通。但如果由于触发脉冲 U_{g2} 丢失或 VT_2 晶闸管损坏或 V 相快速熔断器熔断或 V 相缺相供电等原因，将使 VT_2 管无法导通，VT_1 不能承受反压而无法关断，使 VT_1 沿 U 相电压波形继续导通到电源的正半周，如图 4-5 所示，使电源的瞬时电压与反电动势 E 顺极性串联，出现很大的短路电流流过晶闸管与负载，出现逆变失败或逆变颠覆。

另一种经常导致逆变失败的原因是逆变电路工作时逆变角 β 太小。在换流时必然会出现换流的两个晶闸管同时导通的过程，例如 VT_1 导通，在触发 VT_2 时，由于交流电源都存在内阻抗，其中主要是变压器的漏感及线路杂散电感，使得欲导通的晶闸管 VT_2 不能瞬间导

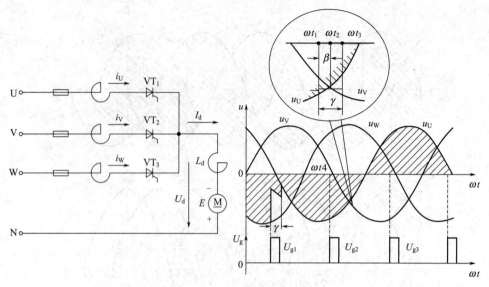

图 4-5　有源逆变换流失败波形

通，欲关断晶闸管 VT_1 的电流不能减小到小于维持电流而关断。换相时两个晶闸管同时导通对应的电角度称为换相重叠角 γ。

由于存在换相重叠角 γ，如图 4-5 中放大部分所示，在 ωt_1 时刻触发晶闸管 VT_2 换相，因逆变角 β 太小，在过 ωt_2 时刻（对应 $\beta = 0°$）时换流还未结束，此时 U 相电压 u_U 已大于 V 相电压 u_V，使 VT_1 管仍承受正向电压而继续导通，VT_2 管导通短时间后又受反压关断，相当于 VT_2 管脉冲 U_{g2} 丢失，从而造成逆变失败。

逆变失败的主要原因有下列几种情况。

① 触发电路工作不可靠，不能适时、准确地给各个晶闸管分配脉冲。如脉冲丢失、脉冲延时等，致使晶闸管不能正常换相。

② 晶闸管发生故障，在应该阻断期间，器件失去阻断能力，或在应该导通期间，器件不能导通，从而造成逆变失败。

③ 在逆变工作状态时，交流电源发生缺相或突然消失，造成直流电源通过晶闸管使电路短路。

④ 逆变角 β 太小，造成 β 小于换相重叠角 γ，引起换相失败。

防止逆变失败的措施有：合理选择变流装置所用晶闸管的参数，并设置过电压过电流保护环节；触发电路工作一定要安全可靠；输出触发脉冲逆变角的最小值 β_{min} 应严格加以限制。

二、最小逆变角 β_{min} 的限制

最小逆变角 β_{min} 的大小应考虑以下因素。

① 换相重叠角 γ。γ 与整流变压器漏抗、电路的形式以及工作电流的大小有关。一般 γ 应考虑为 $15°\sim25°$。

② 晶闸管的关断时间 t_g 所对应的电角度 δ_0。t_g 一般约为 $200\sim300\mu s$，对应的电角度为 $4°\sim6°$。

③ 安全裕量角 θ_a。考虑到触发脉冲间隔不均匀、电网波动、畸变以及温度等的影响，

还必须留有一个安全裕量角 θ_a，θ_a 一般取 $10°$ 左右。

综上所述，最小逆变角 β_{min} 为

$$\beta_{min} \geqslant \gamma + \delta_0 + \theta_a \approx 30° \sim 35°$$

为了防止触发脉冲进入 β_{min} 区内，在要求较高的场合，可在触发电路中加一套保护电路，使 β 角减小时，不能进入 β_{min} 区内；也可以在 β_{min} 处设置产生附加安全脉冲的装置，此脉冲位置固定，一旦工作脉冲移入 β_{min} 区内，则安全脉冲保证在 β_{min} 处触发晶闸管，防止逆变失败。在有环流可逆拖动电路中，最小整流控制角 α_{min} 也必须加以限制，一般取 $\alpha_{min} > \beta_{min}$。

第三节　晶闸管直流可逆拖动方案与工作原理

直流电动机可逆拖动系统是指能够控制电动机正反转的自动控制系统。如：起重提升设备、电梯、龙门刨床、轧钢机轧辊等生产机械均要求电动机能够实现可逆运行。改变他励直流电动机的转向有两种方法：一是改变电枢两端电压的极性；二是改变励磁绕组两端电压的极性。这两种方法各有其优缺点，可根据应用场合和设备容量的不同要求而选用。电动机正反转的控制一般可以通过两种方法实现：一是采用一组晶闸管供电带正反向接触器的线路；二是采用两组晶闸管反并联电路。

一、晶闸管相控整流供电——接触器控制直流电动机的正反转

图 4-6 为采用一组晶闸管组成的变流装置给电动机电枢供电、用接触器控制电枢电压极性来实现电动机正反转控制的电路。电动机的励磁电路由一固定整流电源供电，图中并未画出。

当控制角 $\alpha < 90°$，变流装置工作在整流状态时，输出直流电压 U_d 上正下负。若接触器 KM_1 主触点闭合，电动机电枢得到如图所示左正右负的整流电压，电动机正转，电动机产生反电势 E 如图所示。欲使电动机由正转到反

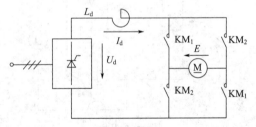

图 4-6　用接触器控制电动机正反转的电路

转，可将触发脉冲移到 $\alpha > 90°$，即逆变角 $\beta < 90°$ 的逆变工作区。在初始阶段，KM_1 尚未打开，由于此时电抗器中产生较高的感应电动势，在此电动势的作用下，电路进入有源逆变状态，将电抗器中的储能逆变为交流能量返回电网。此时电流 I_d 将很快下降，当 I_d 下降到近似为零时，断开 KM_1 闭和 KM_2，此时由于电动机反电动势的作用仍满足实现有源逆变的条件，电路仍工作在有源逆变状态，将电动机正向旋转的机械能逆变为电能送回电网，同时产生制动转矩，电动机运行在发电制动状态。随着转速 n 的快速下降，电动势 E 减小，可相应地增大逆变角 β，使桥路逆变电压 U_d 随电动势 E 同步下降，从而使电流 $I_d = (E - U_d)/R_a$ 在制动过程中始终维持最大，电动机转速迅速下降到零，触发脉冲相应地移到 $\alpha < 90°$，桥路又工作在整流状态。由于 KM_2 已经闭和，流过电枢的电流反向，电动机反向旋转。

停车时，应先将触发脉冲移至 β 区，断开 KM_2，闭合 KM_1，与上述情况一样，电路又满足有源逆变条件，电动机又进入发电制动状态。随着转速下降，逆变角 β 逐渐增大，直到 $\beta = 90°$，直流电压 $U_d = 0$，电动机停转，KM_1 触点打开。

同样，可用接触器或继电器控制电动机励磁电流方向来实现电动机的正反转。

采用接触器控制的可逆电路的优点是线路简单，价格便宜，初期投资少，适用于要求不高、容量不大的场合。在动作频繁、电流较大的场合，接触器体积庞大，容易损坏，维修麻烦。同时由于接触器本身动作时间较长，因而不宜用在快速系统中。对于那些容量大，要求过渡过程快，动作频繁的设备，可采用两组晶闸管变流桥反并联的可逆电路。

二、采用两组晶闸管变流桥的可逆电路

两组晶闸管变流器反极性连接，有两种供电方式：一种是两组变流桥由一个交流电源或一个整流变压器供电，称为反并联连接。另一种称为交叉连接，两组晶闸管变流桥分别由一个整流变压器的二组二次绕组供电，当然也可用两个整流变压器供电。两种连接的工作原理是相似的。如图 4-7 所示为常用的反并联连接可逆电路。下面以反并联可逆电路为例进行分析。

常用的反并联可逆电路有：逻辑无环流、有环流以及错位无环流等三种工作方式，下面分别介绍。

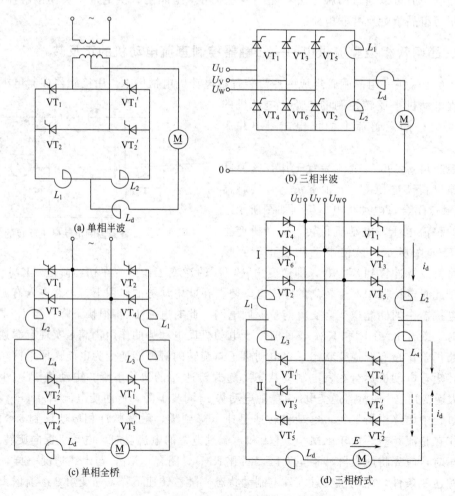

图 4-7　两组晶闸管反并联的可逆电路

（一）逻辑无环流可逆电路的基本原理

当电动机励磁磁场方向不变时，由Ⅰ组桥整流供电电动机正转；由Ⅱ组桥整流供电电动机反转。采用反并联供电可使直流电动机运行在四个象限内。如图4-8所示。

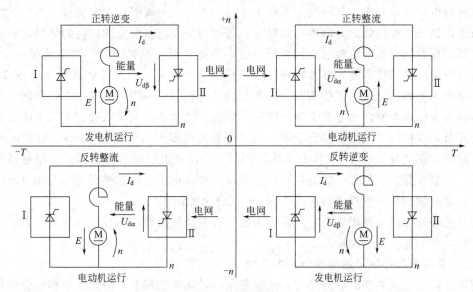

图4-8　反并联可逆系统四象限运行图

反并联供电时，若两组变流桥同时工作在整流状态就会产生很大的环流。所谓环流就是只流经整流变压器和两组晶闸管变流桥而不流经电动机的电流。环流是一种有害电流，它不作有用功而增加变流装置的容量，产生损耗使电器元件发热，甚至会造成短路事故损坏元件。因此必须采用逻辑控制的方法，使变流装置不会产生环流。

若Ⅰ组变流桥处于工作状态时，将Ⅱ组变流桥触发脉冲封锁，使其处于阻断状态。当电动机旋转方向需要改变时，将Ⅰ组变流桥触发脉冲封锁，使Ⅱ组变流桥触发工作。这样，在系统运行中始终只有一组变流桥工作，而另一组变流桥处于封锁状态，任何瞬间都不会出现两组变流桥同时导通的情况，因此就不会产生环流。这种电路称为逻辑无环流可逆电路。其工作过程分析如下。

电动机正转：工作在图4-8中的第一象限，Ⅰ组变流桥投入触发脉冲，控制角 $\alpha_I <$ 90°，Ⅱ组变流桥封锁阻断。显然，Ⅰ组变流桥工作在整流状态，电动机正向旋转。

电动机由正转到反转：将Ⅰ组变流桥触发脉冲快速后移到 $\alpha_I > 90°$（$\beta_I < 90°$），由于机械惯性，电动机的转速 n 与反电势 E 暂时未变。Ⅰ组变流桥的晶闸管在反电势 E 的作用下应该关断，但由于电流 i_d 迅速减小，在电抗器 L_d 中产生下正上负的感应电动势 e_L 且其值大于反电势 E，因此电路进入有源逆变状态，将电抗器 L_d 中的能量逆变反送回电网。由于此时逆变发生在原变流桥，故称为"本桥逆变"，电动机仍处于电动工作状态。当电流 i_d 下降到零时，将Ⅰ组变流桥封锁，待电动机惯性运转 2～10ms 后，Ⅱ组变流桥进入有源逆变状态（即图中第二象限），且使Ⅱ组变流桥输出电压 $U_{d\beta}$ 随电动势 E 的减小而同步减小，以保持电动机运行在发电制动状态转速迅速降低，将电动机的惯性能量逆变返送电网。因为此有源逆变发生在原来封锁的变流桥（Ⅱ组变流桥），故称为他桥逆变。当电动机的转速 n 下降到零时，将Ⅱ组变流桥触发脉冲快速后移到 $\alpha_{II} < 90°$，即 $\beta_{II} > 90°$，则Ⅱ组变流桥工作在整流状态，电动机反转稳定运行在图中的第三象限。同样，电动机从反转到正转是由第三象限经第四象限到第一象限。很显然，在任何时刻两组变流桥都不会同时工作，因此不存在环流。

上述工作情况的具体实现方法是：根据给定信号，通过极性检测环节判断电动机电磁转矩的方向即电枢电流方向，从而决定开放哪一组变流桥、封锁哪一组变流桥。当实际的转矩方向与给定信号要求的转矩方向不一致时，应进行两组变流桥触发脉冲间的切换，但在切换时，把原工作着的一组变流桥触发脉冲封锁后，不能立刻将原封锁的一组变流桥触发导通。原因是已导通的晶闸管不能在脉冲封锁的那一瞬间立刻关断，必须等到其阳极电压降到零，主回路电流小于维持电流后才能关断。因此，切换过程的第一步，应使原工作桥的电感能量通过本桥逆变返送电网，当电流下降到零时，则标志"本桥逆变"结束。系统中应装设零电流检测环节，以检测电流是否接近于零。当零电流信号发出后延时 2～3ms，封锁原工作桥的触发脉冲，在经过 6～8ms 确保原工作桥的晶闸管恢复阻断能力后，再开放原封锁的那一组变流桥的触发脉冲。注意，为确保不产生环流，在发出零电流信号后必须延时 10ms 左右才能开放原封锁的那一组变流桥，这 10ms 时间称为控制死区。

逻辑无环流可逆电路因为没有环流，因此不存在环流损耗，并且可以取消限制环流的均衡电抗器，在工业生产中应用广泛。

(二) 有环流反并联可逆电路的基本原理

逻辑无环流可逆系统的缺点是控制比较复杂、动态性能较差，因此在中小容量的可逆拖动中有时采用有环流反并联可逆系统。有环流反并联可逆系统的特点是反并联的两组变流桥同时有触发脉冲的作用，而且在工作中都能保持连续导通状态。对于这种工作方式，负载电流的反向完全是连续变化的过程，而且不需要检测负载电流的方向或者阻断与导通相应的变流桥，动态性能较好。由于两组变流桥同时工作，为了防止在两组变流桥之间出现直流环流，特别设置为当一组变流桥工作在整流状态时，另一组必须工作在逆变状态，并且保持 $\alpha=\beta$，即两组变流桥的控制角之和必须保持在 $180°$，这样才能使二组变流桥直流侧电压大小相等、方向相反。将这一运行方式称为 $\alpha=\beta$ 工作制。

在工作过程中，$\alpha=\beta$ 工作制触发脉冲的安排如下：当控制电压 $U_c=0$ 时，使 I、II 两组变流桥的控制角均为 $90°$，即 $\alpha_I=\beta_{II}=90°$，因输出电压为零，则电动机转速为零。当增大 U_c，使 I 组变流桥触发脉冲左移，即 $\alpha_I<90°$，进入整流状态，同时使 II 组变流桥触发脉冲右移相同的角度，即 $\beta_{II}<90°$，进入待逆变状态（此时没有电能返送电网）。由于交流电源通过 I 组变流桥向电动机供电，使电动机工作在正转电动状态。要使电动机反转，只要减小 U_c，I 组的控制角 α_I 与 II 组的逆变角 β_{II} 同时逐渐增大，则两组变流桥输出的直流电压 U_{dI}、U_{dII} 立即减小。由于电动机具有机械惯性，反电势 E 还来不及变化，而出现 $E>U_{dI}=U_{dII}$，反电势 E 给 I 组变流桥以反向电压，给 II 组变流桥以正向电压，使 II 组变流桥满足有源逆变条件而导通，从待逆变状态转为逆变状态，电动机电流反向，产生制动转矩，使电动机转速降低。继续增大 α_I 和 β_{II}，使 E 始终稍大于 U_d，电动机在减速过程中一直产生制动转矩，以达到快速制动的目的。在这一过程中，I 组变流桥虽输出直流电压 U_{dI} 为正，但 U_{dI} 小于反电势 E，没有直流电流输出，这种状态称为待整流状态（没有电能供给电动机）。继续增大 I、II 两组变流桥的控制角，使 $\alpha_I>90°$，即 $\beta_I<90°$，则 I 组变流桥转入待逆变状态；II 组变流桥因 $\alpha_{II}<90°$ 而进入整流状态，直流电压改变极性，电动机反转。同样，可以分析其他运行状态转变的过程。在 $\alpha=\beta$ 工作制中，改变两组变流桥的控制角可以实现四象限运行，如图 4-8 所示。

在实际运行中如能严格保持 $\alpha=\beta$，两组反并联的变流桥之间是不会产生直流环流的。但是由于两组变流桥的直流输出端瞬时电压值 u_{dI} 与 u_{dII} 不相等，因此会出现瞬时电压差，称为均衡电压 u_c 或环流电压。在均衡电压作用下产生不流经负载的环流电流。限制环流的办法是串接均衡电抗器，因桥式电路有两条环流通道，所以必须设置四只限制环流的电抗器［如图 4-7(c)、(d) 中的 $L_1 \sim L_4$］。这是因为工作时只有一组变流桥流过电动机负载电流，接在该组两端的两只电抗器已经或接近饱和，起不到限制环流的作用，需由另外两只均衡电抗器分别限制上下两侧的交流环流。在可逆系统中通常限制最大环流为电动机额定环流的 $5\% \sim 10\%$。

以上对环流的分析都是在 $\alpha=\beta$ 的情况下进行的，假若 $\alpha<\beta$，环流电压 u_c 正半波增大，负半波减小。这时将出现整流电压大于逆变电压，产生直流环流，环流会很严重。假若 $\alpha>\beta$，则环流电压正半波减小，负半波增大，环流就会受到限制。为了减小环流或为了防止出现 $\alpha<\beta$ 的情况，可采用 α 稍大于 β 的工作方式。

在目前实际应用中，出现了一种可控环流的反并联可逆系统，即按需要对环流大小进行控制。当负载电流小时，调节两组变流桥的控制角，使 $\alpha<\beta$，产生一定大小的直流环流以保证电流连续，从而加快系统反应，克服因电流断续而引起的系统静特性与动态品质的恶化。当负载电流足够大时，使 $\alpha>\beta$，环流减小。这样既减小了损耗又可减小均衡电抗器的电感量。总之，当需要环流时，可使它大一些；不需要时，就限制它小一些。

（三）错位无环流可逆电路的基本原理

错位无环流可逆系统可以不用均衡电抗器而且能够避免逻辑无环流系统切换控制比较复杂的缺点。错位无环流系统的基本工作原理是：两组变流桥都输入触发脉冲，只是适当错开彼此间触发脉冲的位置，使不工作的那一组变流桥在受到触发脉冲时，阳极电压恰好为负值，使之不能导通，从而消除环流。

第四节　绕线式异步电动机的串级调速系统

绕线式异步电动机可采用改变转子回路串接的附加电阻进行调速，这种调速方法简单方便，但调速不平滑、机械特性软、附加电阻耗能大。而串级调速是通过转子回路引入附加电动势来实现调速的，可以实现异步电动机的无级调速，具有节能、机械特性较硬等特点。

一、串级调速原理

如图 4-9 为转子回路附加电动势 e_f 的串级调速原理图。

当外接电动势 $e_f=0$ 时，电动机稳定运行，转速接近额定值。假如被拖动的电机为恒转矩负载，由电机原理知识可得转子电流为

$$I_2 = \frac{E_2}{\sqrt{R_2^2 + (sX_{20})^2}} = \frac{sE_{20}}{\sqrt{R_2^2 + (sX_{20})^2}}$$

式中　s——电动机转差率；

E_{20}——$s=1$（$n=0$）时转子开路相电动势；

E_2——转差率为 s 时转子相电动势；

X_{20}——$s=1$ 时每相转子绕组的漏抗。

当转子回路串入一个与转子感应电动势 sE_{20} 同频率反相的附加电动势 E_f 时，转子电流

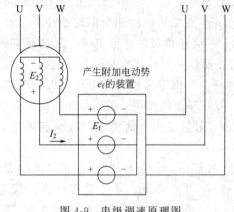

图 4-9　串级调速原理图

则为

$$I_2 = \frac{sE_{20} - E_f}{\sqrt{R_2^2 + (sX_{20})^2}}$$

显然，这时转子电流将随 E_f 的增加而减小。由于电动机定子电压恒定，气隙磁通 Φ 恒定，因此电动机的电磁转矩 T 将随 I_2 的减小而下降。于是，电动机的输出转矩小于负载转矩，使电动机的转速降低。随着转速的降低，转差率 s 增加，从而使电动机的转子电流增加，转矩也随之回升，直到 $T = T_L$，减速过程结束，电动机在低于原来转速下稳定运行。

调整 E_f 的大小，就可以调节电动机的转速，即为低于同步转速的串级调速。如果使转子回路串入的附加电动势与转子感应电动势同相位时，转子电流为

$$I_2 = \frac{sE_{20} + E_f}{\sqrt{R_2^2 + (sX_{20})^2}}$$

在这种情况下，将使电动机的转速超过其同步转速，即为超同步转速的串级调速。

从上面的分析可以看到，实现串级调速的核心环节是要有一套产生附加电动势 E_f 的装置。由于异步电动机转子的感应电动势的频率是随转速变化的，即 $f_2 = sf_1$（f_1 为定子电源频率），这就要求附加电动势既要大小可调，又要使其频率与转子频率相同。产生这样一个附加电动势，在技术上是比较复杂的。目前广泛应用的是把转子电动势通过整流变为直流电势，再与一个可控的外加直流电势相串联。为调速串入的直流附加电势，通常采用晶闸管有源逆变器获得。

二、低同步晶闸管串级调速的主电路

这种调速系统具有效率高、运行可靠、无级调速、结构简单、控制性能好等特点，目前已在水泵、风机、压缩机的节能调速上广泛采用。

如图 4-10 为晶闸管串级调速的主电路。转子整流器和产生附加电动势的晶闸管有源逆变器均采用三相桥式电路。串级调速系统运行时，有源逆变器一直处于逆变工作状态，逆变角 β 的变化范围为 $30° \sim 90°$。U_d 是转子经整流后的直流电压，其值为

$$U_d = 1.35sE_{20}$$

由晶闸管组成的有源逆变电路将转子能量反馈给电网，逆变电压 $U_{d\beta}$ 即为引入的反电动势。当电动机转速稳定时，忽略直流回路电阻，则整流电压 U_d 与逆变电压 $U_{d\beta}$ 大小相等、方向相反。当逆变变压器 T_1 二次侧线电压为 U_{21} 时，则逆变电压的数值为

$$U_{d\beta} = 1.35U_{21}\cos\beta = U_d = 1.35sE_{20}$$

所以

$$s = \frac{U_{21}}{E_{20}} = \cos\beta$$

上式说明，改变逆变角 β 的大小即可改变电动机的转差率，实现调速。

这种调速的实质是逆变电压 $U_{d\beta}$ 可看成转子电路的反电动势，改变 β 值即可以改变反电动势的大小，反馈给电网的功率也随之变化。

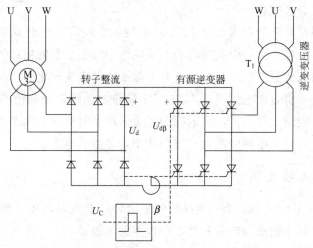

图 4-10　串级调速三相桥式主电路

逆变变压器的二次侧电压 U_{21} 的大小要和异步电动机转子电压互相配合，当两组桥路连接形式相同时，最大转子整流电压应与最大逆变电压相等，即

$$U_{dmax} = 1.35 s_{max} E_{20}$$
$$= U_{d\beta max} = 1.35 U_{21} \cos\beta_{min}$$

所以
$$U_{21} = \frac{s_{max} E_{20}}{\cos\beta_{min}}$$

式中　s_{max}——调速系统要求的最低速时的转差率，即转差最大值；

$\quad\quad\beta_{min}$——电路最小逆变角，为了防止颠覆，通常定为 30°。

逆变变压器 T_1 的容量为

$$S_{T1} \approx \frac{s_{max}}{\cos\beta_{min}} P_n$$

式中　P_n——电动机的额定功率。

当电动机运行时，从转子整流器端电压 U_d 极性和电流 I_d 方向可以看出，转子绕组通过整流器送出功率，而逆变电压 $U_{d\beta}$ 极性与电流 I_d 方向则表明，逆变器吸收功率，借助逆变电路将转子输出功率回馈给电网。

这种调速系统，在稳定工作区间所具有的调速特性，相当于直流电机改变电枢电压的调速特性。调节不同的 β 时的机械特性是一组下斜的平行线。

系统中的逆变变压器起到电动机的转子电压与电网电压匹配的作用，其二次侧的电压值的确定与转子电压和调速范围有关。逆变变压器还能起到使电动机转子回路与交流电网之间电隔离的作用，减弱晶闸管装置对电网的波形的影响。

在中小功率串级调速系统中，为降低成本、简化电路，串级调速主电路可以采用三相零式逆变电路，并且采用电抗器进线，如图 4-11 所示，省去

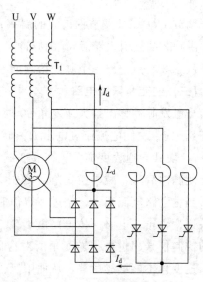

图 4-11　普通三相零式串级
调速系统主电路

逆变变压器，只用三只晶闸管。

三相零式串级调速电路的直流电流 I_d 流经电网的中线、上级电力变压器的绕组，再经逆变器流回。因中线电流较大，中线又较长，在电网中线上引起的损耗较大，同时电力变压器的绕组因流过脉动直流也产生附加损耗，并引起变压器直流磁化。

为克服以上缺点，将直流电流引入丫接三相异步电动机定子绕组的中点，使直流电流经电动机定子送入，经逆变器流回，该电流经过定子绕组时形成附加牵引磁场，产生附加的电磁功率，从而减小电机从电网中吸收的有功功率，节约了电能。

三、串级调速系统实例

如图 4-12 所示为 KGJA-100/290 型晶闸管串级调速装置电路图。该电路主要由转子变流电路、触发电路、逆变角限制电路和继电操作电路等组成。

（一）转子变流电路

如图 4-12（a）所示为主电路图，转子变流电路采用三相桥式电路，转子回路接至 $VD_1 \sim VD_6$ 组成的整流器；整流电压经电抗器 L_d 和过电流继电器 FA 等接至 $VT_1 \sim VT_6$ 组成的晶闸管有源逆变器；逆变器经逆变变压器 T_1 接至交流电网。该电路主要完成在转子回路中产生附加电势的作用，同时把转子输出的转差能量经逆变电路回馈给电网。由氖管组成的相序指示器，只有当进入设备的三相电源 U、V、W 符合设备要求的相序时，氖管不亮，否则氖管发光，需要重新调换电源进线。

（二）触发电路

本装置采用锯齿波同步触发电路，如图 4-12（b）所示。正弦波同步信号由 206 和 501 端送至 $1VT_1$ 的基极。$1C_1$、$1VT_1$、$1C_2$、$1VT_2$、$1VT_3$ 等组成锯齿波形成电路，由 $1VT_3$ 发射极经 $1R_3$ 将锯齿波送出，并与直流偏置电压 U_b 及控制电压 U_c 在 $1VT_4$ 基极综合。综合后的信号为正时，$1VT_4$ 导通，$1VT_5$ 截止，$1VT_6$、$1VT_7$ 导通，在脉冲变压器的二次侧产生脉冲。

调节 $1RP$、即调节锯齿波的斜率；调节 $4RP_2$，即调节 U_c，这些调节都可以使脉冲移相。由 053 端点引入滞后 $60°$ 的脉冲，使其输出间隔 $60°$ 的双脉冲，以满足全控桥的需求。同样，从 052 端点送出一个脉冲给超前 $60°$ 的一相，也使其产生双脉冲。

（三）逆变角限制电路

当触发脉冲移出最大逆变角 $90°$ 时，主电路电流值很大。在主电路中接有直流电流互感器 T_A，其二次侧电流流过电阻 R_{17} 转为电压信号，再经整流桥变为直流信号，控制三极管 $4VT_1$，使其导通程度加深。在 048 端引出 U_c 是一个较负的信号电压，与锯齿波电压、U_b 综合使脉冲后移，减小逆变角，使 $\beta < 90°$。

当主电路电流很大，超过一定值时，很可能将 β 推入小于最小逆变角，因此电路又设置最小逆变角箝位电路。该电路由 $4VD_7$、$4R_7$、$4RP_3$ 组成。当通过三极管 $4VT_1$ 加入移相电路的控制信号超过最小逆变角所对应的电压信号时，由二极管 $4VD_7$ 所决定的电压进行箝位，逆变角不能继续后移，从而限制了 β 最小角。

（四）继电操作电路

主要用于完成电机启动、转入串级调速运行、停机、故障时切换等操作和保护功能。串级调速装置的继电操作电路应使系统有严格的启动和切换顺序，有正确的停车顺序。

启动时应保证电动机转速上升到规定的最低转速以上时，才允许切换至串级调速状态。

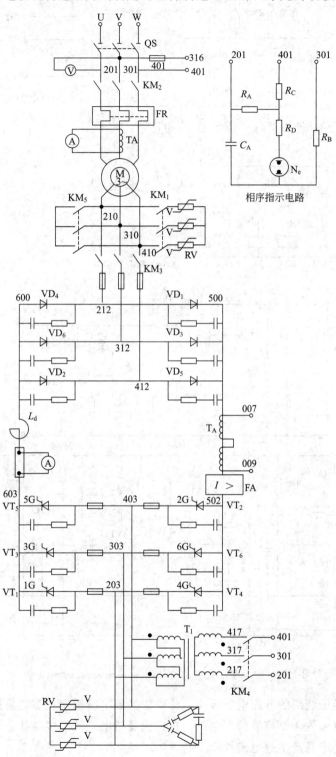

图 4-12（a）　KGJA-100/290 型晶闸管串级调速装置主电路图

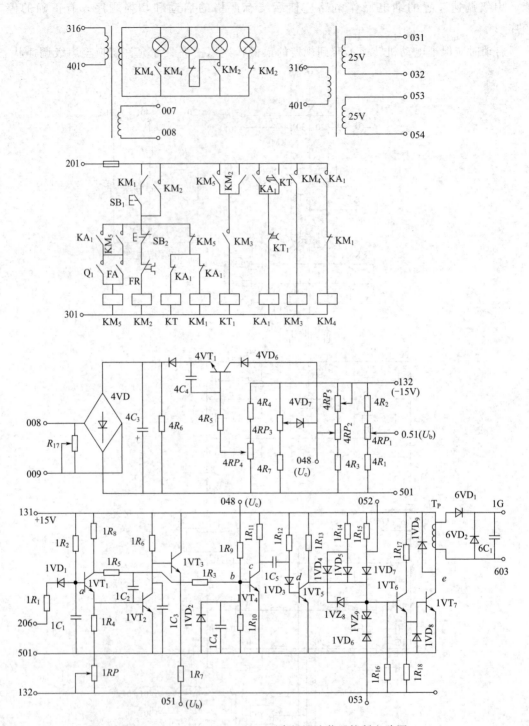

图 4-12（b）　KGJA-100/290 型串级调速装置控制电路图

因为转速低时，转子绕组的开路电压很高，此时切换到串级调速状态容易损坏整流元件。逆变器接人交流电网应先于整流器接至电机。在整流器与电机转子接通状态下，不得断开逆变器交流电源，否则容易产生过电流故障。

停车时应先切断电动机定子绕组电源，后切断逆变器电源。

1.启动

按 SB$_1$→KM$_2$ 得电自保→电机定子接通电源

　　　　　　→KM$_1$ 得电→转子接入频敏变阻器启动

　　　　　　→KT 得电延时→KA$_1$ 得电自保→KM$_4$ 得电→逆变器电源接通

　　　　　　　　　　　　　　　　　　　→KM$_3$ 得电→接入串级调速运行状态

　　　　　　　　　　　　→KM$_1$ 失电→切断频敏变阻器

由此可见，启动顺序为：接通定子电源、接通启动电阻器转子使之启动；达到一定转速后，切断启动电阻，接通逆变器电源，再接通转子整流器，进入串级调速状态运行。

2.停车

按 SB$_2$→KM$_2$ 失电→切断电机定子电源

　　　　　　→KT$_1$ 得电延时 3～5s→KA$_1$ 失电→KM$_4$ 失电→断开逆变器电源

　　　　　　　　　　　　　　→KM$_3$ 失电

　　　　　　　　　　　　　　→断开整流器

3.异步运行

开关 Q$_1$ 置于异步位置（合上）。

按 SB$_1$→KM$_1$ 得电→接入频敏变阻器

　　　→KM$_2$ 得电→接通定子电源，电机启动

　　　→KT 得电延时→KA$_1$ 得电→KM$_5$ 得电→转子绕组短路

这时电动机处于最高转速异步运行。

4.串级调速运行与异步运行的切换

当电动机运行于串级调速状态时，如果逆变器部分出现过载或故障时，电流继电器 FA 动作，使 KM$_5$ 得电，于是将转子绕组短路，切除串级调速运行，转到异步运行。当故障消除，逆变部分恢复正常后，FA 复位，KM$_5$ 失电，系统又自动转入串级调速状态运行。

四、斩波式逆变器串级调速系统

晶闸管串级调速系统具有良好的节能效果，但其缺点是功率因数较低，产生的高次谐波影响电网的供电质量。随着全控型电力电子器件的快速发展和使用，斩波式逆变器串级调速系统开始应用，这种系统不仅能够大大降低无功损耗，提高功率因数，减小高次谐波分量，而且系统线路比较简单。

斩波式逆变器串级调速系统的原理框图如图 4-13（a）所示。图中，电动机转子整流电路通过斩波器和晶闸管逆变器相连，逆变器控制角通常固定在最小逆变角处而不需要调节。斩波器将整流器输出的直流电流 i_d 斩成图 4-13（b）所示波形。斩波器开关的工作周期为 T，在 τ 时间内，斩波器开关闭合，整流桥被短路；在 $T-\tau$ 时间内，斩波器开关断开。整流桥的输出电压为 $U_d=1.35sE_{20}$，逆变器的输出电压为 $U_{d\beta}=1.35U_{21}\cos\beta_{min}$。逆变电压 $U_{d\beta}$ 经斩波器输入整流桥端的电压为 $U_{d\beta}(T-\tau)/T$，故有

$$U_d=\frac{T-\tau}{T}U_{d\beta}$$

所以有

$$s=(1-\tau/T)U_{21}\cos\beta_{min}/E_{20}$$
$$n=n_0[1-(1-\tau/T)U_{21}\cos\beta_{min}/E_{20}]$$

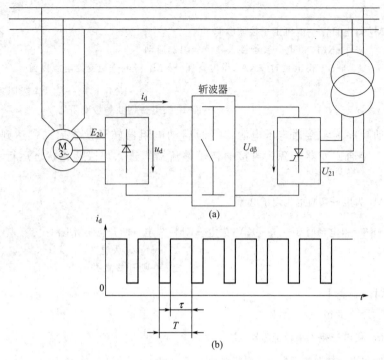

图 4-13　斩波式逆变器串级调速原理

由上式可见，改变斩波器开关闭和的时间 τ 的大小，就可以调节电动机的转速 n 的大小。当 $\tau=T$ 时斩波器开关一直处于闭和状态，电动机转子短接，此时电动机运行在自然特性；当 $\tau=0$ 时，斩波器一直处于开关断开状态，电动机运行在串级调速的最低速。斩波式逆变器串级调速系统虽然比传统的串级调速系统多了一个斩波器环节，但经分析可知，逆变变压器的容量和晶闸管装置的容量都比较小，所节约的成本足以补偿斩波器的成本，而更重要的是它能够大大改善功率因数和降低谐波电流。

高频斩波串级调速控制装置主回路如图 4-14 所示。由启动电路、整流电路、斩波电路、逆变等主电路构成。

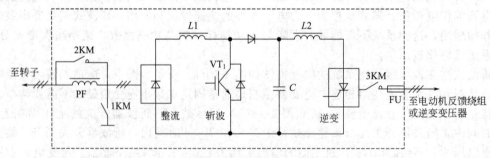

图 4-14　高频斩波串级调速装置主回路图

启动电路由频敏变阻器 PF、接触器 1KM、接触器 2KM 构成。大型电动机启动时产生较大的启动电流，对电网造成较大的冲击。为减小启动电流，使电动机平稳启动，在高频斩波串级调速装置中，加设了自动切换的启动装置。在电动机启动时，1KM 闭合，2KM 打开，电动机转子回路串入三相频敏变阻器 PF。频敏变阻器的电阻与流过电流的频率成正比关系，当电动机启动时，电动机转速为零，转子电流频率最高，为工频频率，此时频敏变阻器阻值也较高，从而限制了启动电流。随着电动机转速的增加，转子电流频率逐渐减少，频敏变阻器阻值也随之减小。当电动机转速升高到定子电流低于设定的允许值时，装置自动将 2KM 闭合，切除频敏变阻器，电动机转子回路经 1KM 短路，进入全速工作状态，完成启动过程。

整流单元为三相全波整流，将转子回路三相交流变为直流，以便对转子回路施加串直流电势控制。

电路工作时，逆变器的逆变角恒处于最小逆变角 β_{min} 不变，逆变器提供了恒定的直流反电势。转子回路附加电势调节由 IGBT 斩波开关来完成。斩波开关以恒频调宽方式工作，即工作频率一定，而开关导通时间可调。这样，通过调节斩波开关导通时间与斩波周期的比率（即占空比或 PWM 调制脉宽），便改变了串入转子回路的等效电势的大小，从而改变转子电流，达到调节电动机转速的目的。由于采用了可自关断的大功率电子器件 IGBT 作为斩波器件，使得斩波频率进一步提高，直流电流更为平稳，系统更为紧凑，体积更小。

逆变电路为三相全桥有源逆变器。装置工作于调速状态时，将经斩波控制后的转差功率逆变为三相工频交流送至内反馈绕组或逆变变压器。逆变触发角固定为最小允许值，克服了传统的移相触发对触发脉冲和换相要求严格、脉冲移动范围大、抗干扰能力差、易颠覆、功率因数低等缺点。同步信号取自内反馈绕组或逆变变压器的电压信号，具有抗干扰、多重数字锁相、自动配相等功能。

小　结

整流和逆变是晶闸管变流装置的两种工作状态，而且在一定条件下可以相互转化。逆变又分为有源逆变和无源逆变两种，前者将直流电能变为交流电后返送电网；后者将直流电能或某种频率的交流电能变为特定频率的交流电能后直接供给负载。本章重点论述了有源逆变的工作原理及其应用。实现有源逆变的条件是变流装置的直流侧必须外接有与晶闸管导通方向一致的直流电源 E，而且 E 的数值要大于 U_d；同时变流装置必须工作在 $\beta < 90°$（$\alpha > 90°$）区间，使 $U_d < 0$，这样才能将直流功率逆变为交流功率返送电网。

有源逆变主要用于直流电动机的可逆调速、绕线式异步电动机的串级调速等。在工作中，触发脉冲丢失、移相超过一定范围以及快熔烧断等都会导致逆变失败，形成短路，这是必须要避免的。因此，逆变电路对触发脉冲与主电路的可靠性要求更高，对最小逆变角 β_{min} 必须加以限制，以免导致元件损坏和设备的重大事故。晶闸管反并联可逆电路作为无触点控制电路是有源逆变的具体应用，适用于频繁正反转运行的场合。

思考题与习题

1.说明以下概念：

① 有源逆变与无源逆变；

② 整流与待整流；

③ 逆变与待逆变。

2.什么是有源逆变？其工作原理是什么？实现有源逆变的条件是什么？哪些电路可实现有源逆变？

3.为什么有源逆变工作时，变流装置直流侧会出现负的直流电压，而电阻负载或大电感负载不能（电感负载指正常工作时）？

4.为什么半控桥和负载侧并有续流管的电路不能实现有源逆变？

5.造成逆变失败的原因有哪些？为什么要限制最小逆变角？

6.画出三相半波共阳极接法时，$\beta=60°$时输出电压 u_d 波形与 VT_3 管子两端电压 u_{T3} 的波形。

7.简述桥式反并联可逆电路有环流系统四象限运行的工作过程。此电路为何要用四只环流电抗器？

8.什么是环流？环流是怎样产生的？在不同的 α 和 β 的情况下（$\alpha=\beta$）环流是否相同？为什么？

9.如果在环流回路中没有限制环流的电抗器和其他电感存在，环流会不会连续？环流怎样变化？限制环流电抗器足够大时环流怎样变化？

10.说明绕线式转子感应电动机串级调速的工作原理。

第五章　交流开关与交流调压电路

　　普通晶闸管可以组成可控整流电路与有源逆变电路，实现整流与逆变。两只反并联的晶闸管可以实现交流开关与交流调压，也可以用一只双向晶闸管实现，并广泛应用于电机的调速、调光、自动控温等方面。由电力电子器件构成的交流开关可以实现高电压、大电流电路的通段控制，并且具有无触点、动作速度快、寿命长、噪声低和几乎不用维护等优点。

第一节　交流开关电路

　　晶闸管交流开关是一种理想的快速交流开关，接通与断开时不存在电弧。由于晶闸管总是在电流过零时关断，所以关断时不会因负载或线路中电感储能而造成暂态过电压和电磁干扰现象。晶闸管交流开关特别适用于操作频繁、可逆运行及有易燃易爆气体、多粉尘的场合。

一、简单交流开关电路及应用

　　晶闸管交流开关的基本形式如图 5-1 所示。交流开关的特点是晶闸管在承受正半周电压时触发导通，电流过零时自然关断，且可用晶闸管控制极中毫安级的电流，控制晶闸管阳极

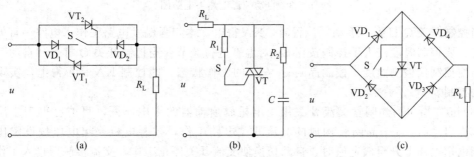

图 5-1　晶闸管交流开关的基本形式

中的数百安培大电流的通断。

图 5-1(a) 为普通晶闸管反并联的交流开关。当 S 闭合时晶闸管 VT_1 或 VT_2 靠管子本身的阳极电压进行强触发，使负载 R_L 得到一个基本完整的正弦波。图 5-1(b) 为采用双向晶闸管的交流开关，线路简单但工作频率比反并联电路低。图 5-1(c) 为只用一只晶闸管的交流开关电路，晶闸管不承受反压，缺点是串联元件多，其压降损耗较大。

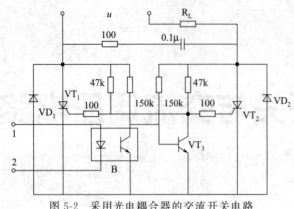

图 5-2 采用光电耦合器的交流开关电路

如图 5-2 所示为采用光电耦合器的交流开关电路，利用光电耦合器将控制电路与主电路隔离开。主电路由两只晶闸管 VT_1、VT_2 和两只二极管 VD_1、VD_2 组成。当 1、2 端无控制信号时，光电耦合器 B 不工作，三极管 VT_3 的发射结在电源的正、负半周内均正偏，即三极管 VT_3 处于导通状态，相当于晶闸管的门极与阴极短接，使晶闸管 VT_1、VT_2 处于截止状态，负载未被接通。当 1、2 端有高电平控制信号时，光电耦合器 B 导通工作，三极管 VT_3 截止，则电源电压在两个半周内分别触发晶闸管 VT_1、VT_2，使之交替导通工作。该电路可以实现与微机控制电路直接连接。

如图 5-3 所示为利用双向晶闸管交流开关与 KT 温控仪配合实现三相电热炉自动控温的电路图。主电路与控制电路中的双向晶闸管各自仅用一只电阻（R_1^*、R_2^*）构成本相强触发电路。调整 R_1^*、R_2^* 的阻值，使双向晶闸管两端的交流压降减小到 2～5V，R_1^*、R_2^* 的阻值一般为 0.03～3kΩ，功率小于 2W。

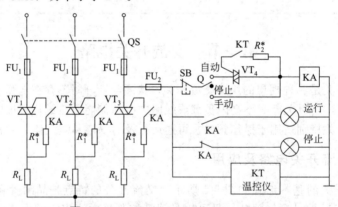

图 5-3 自动控温电热炉电路图

当控制开关 Q 打到"手动"位置时，KA 得电，本相强触发电路工作，电路一直处于加热状态，要控制温度需人工控制按钮 SB 对温度进行调节。当控制开关 Q 打到"自动"位置时，温度控制仪检测温度，控制晶闸管 VT_4 的工作状态，即控制 KA 是否得电，实现温度的自动控制。

如图 5-4 所示为晶闸管交流开关用于电机软启动器的主电路图，目前已得到广泛的应用。电机启动时，6 个晶闸管构成的交流开关电路工作，控制电机绕组电压按设定比率上升，当电枢电压上升到额定值时，自动切换使交流开关停止工作，交流接触器投入工作。采用软启动器将降低启动电流、减少对电网的干扰。用软启动器启动时电压沿斜坡上升，升至

全压的时间可在 $0.5\sim60s$ 之间设定。软启动器亦可用于软停止功能，电压下降的时间可在 $0.5\sim240s$ 之间调节。

二、过零触发开关电路及应用

晶闸管交流开关和交流调压的控制方式有两种形式：相位控制和过零（零电压、零电流）控制。但相位控制会产生相当大的射频干扰，并通过电网传输到远距离，给电力系统造成"公害"。而过零控制方式是经过实践检验、抑制晶闸管导通时产生干扰的一种行之有效的方法，过零控制就是在电压过零时给晶闸管以触发脉冲，使晶闸管工作状态始终处于全导通或全阻断。

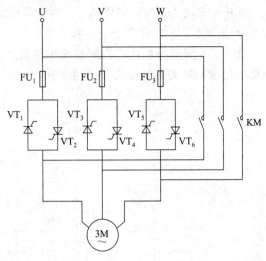

图 5-4　软启动器电路图

利用晶闸管的过零控制可以实现交流功率调节，即在设定的周期 T_C 内，用零电压开关接通几个周波然后断开几个周波，改变晶闸管在设定周期内的通断时间比例，以调节负载上的交流平均电压，即可达到调节负载功率的目的。这种装置也称调功器或周波控制器。

如图 5-5 所示为过零触发控制的两种方式：全周波连续式、全周波断续式。如在设定周期 T_C 内导通的周波数为 n，每个周波的周期为 $T(f=50\text{Hz}$ 时，$T=20\text{ms})$，则调功器的输出功率和输出电压有效值分别为

$$P=\frac{nT}{T_C}P_n \tag{6-1}$$

$$U=\sqrt{\frac{nT}{T_C}}U_n \tag{6-2}$$

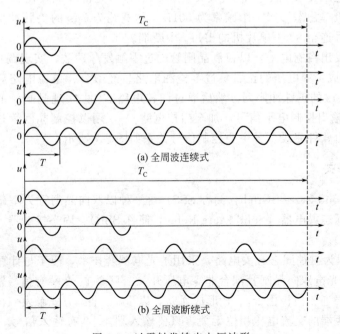

图 5-5　过零触发输出电压波形

式中，P_n、U_n 为设定周期 T_C 内全部周波导通时装置输出的功率与电压有效值。只要改变导通周波数 n 即可改变电压和功率。

如图 5-6 所示为单片机控制系统实现晶闸管过零控制的调功器的硬件电路。微机实现晶闸管的过零触发关键要解决下面两个问题。

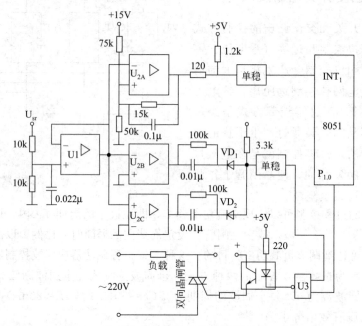

图 5-6 数字实现晶闸管过零控制硬件接口电路

1.实现工频同步电压的正负过零检测，过零时产生脉冲信号。

将幅值为 40V 的工频电压 U_{sr} 施加到缓冲放大器 U_1 的输入端，经缓冲后，将其负半波电压削波，送至电压比较器 U_{2A}、U_{2B}、U_{2C}。U_{2A} 为一史密特触发器将工频正弦波整形为矩形波，经后一级单稳态形成一个频率为 50Hz、脉宽约为 $7\mu s$ 的负脉冲信号，作为工频电压过零的同步信号连至 8051 单片机的 INT_1 中断端。

2.由单片机发出控制电平，以控制晶闸管的过零触发脉冲数，实现调功。

U_{2B}、U_{2C} 组成工频电压的正、负过零检测电路。经微分、单稳电路后输出一个频率为 100Hz、脉宽 $400\mu s$ 的正脉冲序列。然后通过门控电路 U_3 去实现晶闸管的过零触发。单片机设定 $P_{1.0}$ 位为输出控制电平信号，加至门控电路 U_3，用以控制晶闸管过零触发的触发脉冲数。其他功能由软件完成。各主要控制信号关系如图 5-7 所示。

三、固态开关

固态开关（Solid State Switch，简称 SSS）是一种以双向晶闸管为基础构成的无触点通断组件。它包括固态继电器（Solid State Relay，简称 SSR）、固态接触器（Solid State Contactor，简称 SSC）。

如图 5-8 所示为三种固态开关电路，采用了光电耦合技术，便于与计算机进行接口。

图 5-8(a) 为光电双向晶闸管耦合非零电压开关。只要 1、2 端有信号输入，光电双向晶闸管耦合器 B 就导通，门极由 R_2、B 形成通路，以 I_+、III_- 方式触发双向晶闸管。这种电路与加在晶闸管两端的交流电压相位无关，只要输入端 1、2 有输入信号，在交流电源的任意相位均可触发导通，称为非零电压开关。

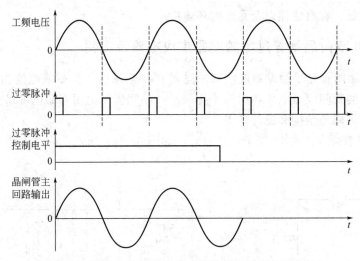

图 5-7 单片机实现晶闸管过零控制信号关系示意图

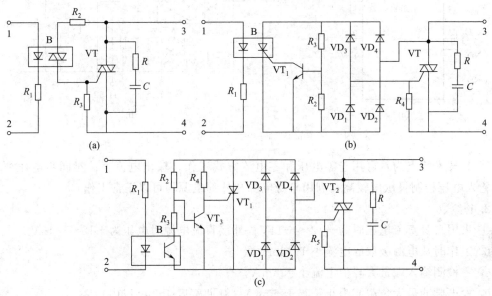

图 5-8 三种固态开关电路

图 5-8(b) 为光电晶闸管耦合零电压开关。电路中使用了光控晶闸管，当 1、2 端有信号输入时，且光控晶闸管门极不被短接，则光控晶闸管导通。在电路中光控晶闸管的门极受三极管 VT_1 的控制，显然 VT_1 只有在电源电压过零时才截止，光控晶闸管门极不被短接，即光控晶闸管只在电源电压过零且 1、2 端有控制信号时才导通。光电晶闸管导通，在 R_4 上产生触发电压，使双向晶闸管 VT_2 过零时导通。当 1、2 端无控制信号时，光控晶闸管不具备导通条件，使双向晶闸管 VT_2 零电流时关断。

图 5-8(c) 为光电晶体管耦合零电压接通与零电流断开的理想无触点开关。当 1、2 端有控制信号时（交直流电压均可）适当选取 R_2、R_3 的比值，使交流电源的电压在接近于零值区域（±25V）且有输入信号时，VT_3 截止，无输入信号时 VT_3 饱和导通。因此不管什么时候加上输入信号，开关只能在电压过零附近使晶闸管 VT_1 导通，电源电压经 R_5 触发晶闸管 VT_2。当无控制信号时，流过双向晶闸管的电流过零时关断。

在实际应用中固态开关一般采用环氧树脂封装，具有体积小、工作频率高的特点，使用于频繁通断或潮湿、有腐蚀性以及易燃的环境中。

四、KJ008 双向晶闸管过零触发器集成电路及应用

KJ008 双向晶闸管过零触发器能使双向晶闸管在电源电压为零或电流为零的瞬间触发，这样可以使负载的瞬间浪涌电压和射频干扰最小，晶闸管的使用寿命也可以提高。

1. 端子排列、内部结构和设计特点

① 采用标准双列直插式 14 端子结构封装，如图 5-9(a) 所示。内部工作原理如图 5-9(b) 所示。

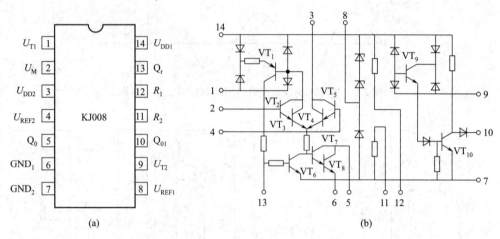

图 5-9　KJ008 端子结构与内部工作原理图

② 其技术特点为：可用于零电压和零电流方式工作；输出电流大；对同步电压要求较低；输入电压控制灵敏度较高；利用自身电源和外部电源均可以正常工作。

2. 电参数

① 采用自身直流电压时为 +12～+14V；外接直流电源时电压为 +12～+16V。

② 工作时从电源吸取的电流小于 12mA。

③ 零检测输入端最大峰值电流小于 8mA。

④ 输出脉冲最大负载能力小于等于 50mA（脉冲宽度 400μs 以内）。

⑤ 输出脉冲幅值大于等于 13V。

3. KJ008 应用

(1) 零电压触发电路的典型应用　KJ008 用于零电压触发时的典型接线图如图 5-10 所示。当交流电压高于 220V 时，图中的电阻 R_2、R_3、R_4、RP 的阻值应相应增加；而当交流电压低于 220V 时，这些电阻可相应减小。同步电阻 R_2 为

$$R_2 = (同步电压/5) \times 10^3 (\Omega)$$

图中的敏感元件可以是具有负温度系数的热敏电阻，也可以是控制元件或开关信号。KJ008 的开信号电压为 $U_C/2-1$，关信号电压为 $U_C/2+1$，这里 U_C 为电容 C_2 两端的电压值。

(2) 零电流触发应用时的典型应用　KJ008 用于零电流触发时的典型接线如图 5-11 所示，其 R_2 的计算方法和敏感元件的注释同零电压触发应用的典型电路。

(3) 功率扩展和正常工作波形　图 5-12 给出了 KJ008 的功率扩展方法，此处的晶体管可以用复合管。图 5-13 给出了正常工作时 KJ008 各端子的波形图。

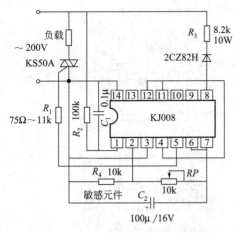

图 5-10 KJ008 用于零电压触发系统

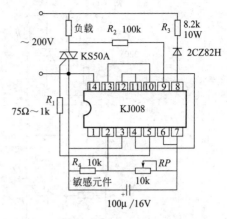

图 5-11 KJ008 用于零电流触发系统

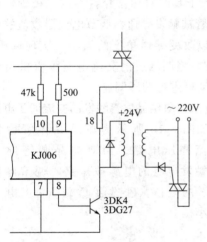

图 5-12 KJ008 的功率扩展方法

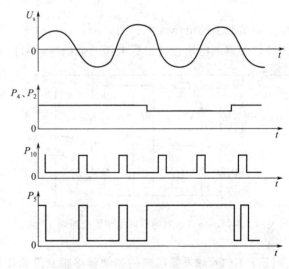

图 5-13 KJ008 的正常工作波形图

第二节 交流调压电路

有许多负载要求交流电源能平稳调压，如恒温控制的电热炉、舞台灯光的自动调节、交流稳压电源、小容量交流电机的无级调速、脉冲焊接、无触点开关等，都可以用晶闸管作为交流开关来调节其交流输出电压和功率。晶闸管调压装置具有体积小、控制方便、维修容易等优点，因而晶闸管交流调压得到广泛的应用。

一、单相交流调压电路

（一）RC 移相触发的调压电路

如图 5-14 所示为 RC 移相触发的调压电路。图（a）当 Q 置于 2 位置时双向晶闸管相当于普通晶闸管，负载上的电压较小，当 Q 置于 3 位置时，双向晶闸管两个方向均可以被触

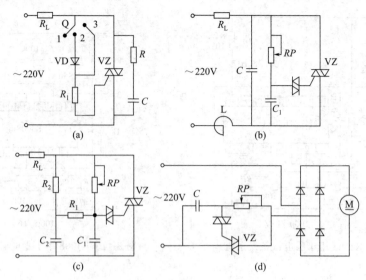

图 5-14　简单交流调压电路

发导通，负载上的电压较大；图（b）、（c）、（d）均引入了具有对称击穿特性的二极管，当该二极管两端的电压达到击穿电压的数值时，双向晶闸管被触发导通，调节电位器数值的大小可以改变导通角度的大小，实现调压。图（d）将调压后的交流电压整流供给直流电动机进行调压调速。

（二）单结晶体管触发的交流调压电路

如图 5-15 所示为单结晶体管触发的交流调压电路。当双向晶闸管导通时，触发电路的电源被短路。调节电位器 RP 的阻值大小改变负载 R_L 上电压的大小。

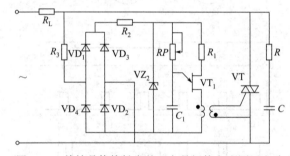

图 5-15　单结晶体管触发的双向晶闸管交流调压电路

（三）KC06 触发器组成的晶闸管移相交流调压电路

如图 5-16 所示电路是 KC06 的应用电路。KC06 主要适用于交流直接供电的双向晶闸管或反并联普通晶闸管的交流移相控制，电路中 RP_1 用于调节触发电路锯齿波斜率，R_4、C_3 确定脉冲的宽度，RP_2 用于调节输出电压的大小。

（四）程控单结晶体管触发交流调压电路

程控单结晶体管（Programmable Unijunction Transistor）简称 PUT，如图 5-17 所示为 PUT 的内部结构、图形符号，A、G 间为一个 PN 结。其工作原理可用图 5-17(c) 说明。G 极电位由电阻 R_1、R_2 分压决定，当阳极电位 U_A 上升到 $U_G+0.7V$ 时则 PUT 像普通晶闸管一样被触发导通，门极 G 失去控制作用，电容 C 通过 PUT 放电在阴极电阻 R_b 上输出脉冲。当放电电流小于维持电流时 PUT 关断，电容再充电，与单结晶体管一样形成一个振荡电路。改变 RP 的阻值可调节振荡频率；改变 R_1、R_2 使 U_G 的分压比变化，可改变输出脉冲的幅值。

如图 5-18 所示电路为 PUT 触发的晶闸管交流调压电路。R_1、R_3、RP 和 C_2 组成一个移相电路，用来改变 PUT 的导通时间和降低阳极正向电压上升率，稳压管 VZ 使 PUT 门极

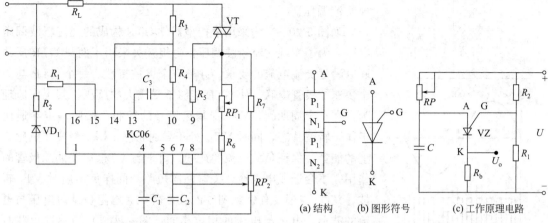

图 5-16　KC06 触发器组成的交流调压器　　　图 5-17　程控单结晶体管及工作原理图

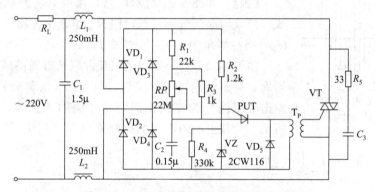

图 5-18　PUT 触发的晶闸管交流调压电路

电压稳定。调节 RP 时改变电容 C_2 的充电时间常数，使 PUT 每半周的导通时刻改变，导致双向晶闸管正负半周控制角 α 的改变，以达到改变负载 R_1 上交流电压的目的。电感 L_1、L_2 与电容 C_1 用来扼制高次谐波的影响。

（五）交流斩波控制的交流调压电路

交流斩波调压电路是交流开关与同负载串联和并联构成的，如图 5-19（a）所示，串联的交流开关 S_1 起到斩波作用，并联的交流开关 S_2 起到续流作用，为负载提供续流回路。为保证电路正常工作，开关 S_1、S_2 不能同时导通，否则会造成短路故障。由于是交流斩波调压，则要求开关 S_1、S_2 应允许电流两个方向流通，同时具有全可控特性。

交流斩波调压电路的输出电压波形如图 5-19（b）所示，输出电压 u 为

$$u = Gu_2 = GU_{2m}\sin(\omega t)$$

式中　$G=1$——S_1 闭合、S_2 打开；

$\quad\quad G=0$——S_1 打开、S_2 闭合；

$\quad\quad U_{2m}$——输入电压峰值。

设交流开关 S_1 闭合的时间为 t_{on}，其关断的时间为 t_{off}，则交流斩波器的导通比 α 为

$$\alpha = \frac{t_{on}}{t_{on}+t_{off}} = \frac{t_{on}}{T_c}$$

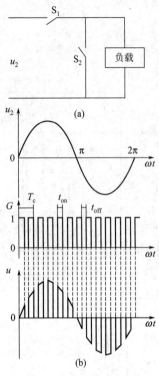

图 5-19　交流斩波调压
电路原理图与波形

改变脉冲宽度 t_{on} 或改变脉冲周期 T_c 就可以改变导通比，实现交流调压。

如图 5-20(a) 为采用全控型器件 GTR 构成的交流斩波调压电路。为了实现交流斩波调压，每组开关采用了两只 GTR 反并联以满足交流电流的要求，并具有全可控特性。每个 GTR 与一个快速二极管串联，使 GTR 能够承受较大的反压。其工作原理为：在正半周期间，VT_1 受基极信号的控制，按照一定导通比工作于斩波状态，同时 VT_{2n} 处于导通状态，用于释放在电感 L 上的能量，保证负载电流的连续。由于与 VT_{2n} 串联的二极管的作用，不会造成电源经开关器件而短路。同样负半周时 VT_2 斩波，VT_{1n} 导通工作。如图 5-20(b) 所示为电阻负载时电压与电流的波形，电压与电流的相位相同；图 5-20(c) 为感性负载时电压与电流的波形，电压相位超前电流相位。

【例】　如图 5-21 所示电路，用两只反并联的普通晶闸管或一只双向晶闸管与负载电阻 R_L 组成主电路，接于交流电源 U_2，当控制角为 α 时，分析电路。

如图 5-21(a) 所示以两只反并联的普通晶闸管来分析，正半周 α 时刻触发晶闸管 VT_1，负半周 α 时刻触发晶闸管 VT_2，输出电压波形为正负半周缺角相同的正弦波，如图 5-21(b) 所示。负载上交流电压的有效值 U 与控制角 α 的关系为

$$U = \sqrt{\frac{1}{\pi}\int_{\alpha}^{\pi}(\sqrt{2}U_2 \sin \omega t)^2 \, \mathrm{d}(\omega t)} = U_2\sqrt{\frac{1}{2\pi}\sin 2\alpha + \frac{\pi - \alpha}{\pi}} \tag{6-3}$$

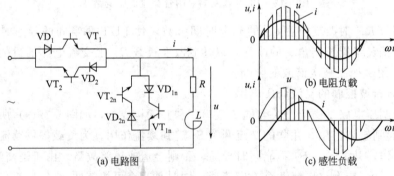

(a) 电路图　　(b) 电阻负载　　(c) 感性负载

图 5-20　GTR 组成的交流斩波调压电路及波形

有效值为

$$I = \frac{U}{R_L}$$

电路功率因数为

$$\cos\alpha = \frac{P}{S} = \frac{UI}{U_2 I} = \sqrt{\frac{1}{2\pi}\sin 2\alpha + \frac{\pi - \alpha}{\pi}} \tag{6-4}$$

电路的移相范围为 $0 \sim \alpha$。

在使用交流调压电路时应注意以下几点。

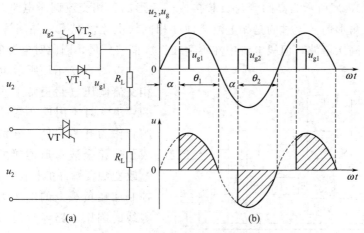

图 5-21 单相交流调压电路及波形

① 当负载为电阻性负载时，交流调压电路控制起来较方便，在保证同步的条件下可以使用相控整流的触发电路。只要改变控制角 α 的大小，即可调节输出电压的大小。

② 当带电感性负载时，不能用窄脉冲触发，否则当控制角 α 小于负载功率因数角 φ 时会发生一只晶闸管无法导通的现象，电流出现很大的直流分量，会烧毁熔断器或晶闸管。

③ 带电感性负载时，最小控制角 $\alpha_{min}=\varphi$，所以控制角 α 可以从 φ 角到 $180°$ 之间变化，而带电阻性负载时的移相范围为 $0°\sim180°$。

二、三相交流调压电路

应用单相交流调压电路，在单相负载容量较大时会造成三相不平衡。因此容量较大的负载都应采用三相交流调压电路供电。三相交流调压电路常用如图 5-22 所示几种电路形式。

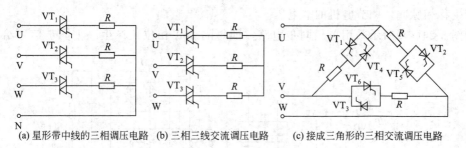

(a) 星形带中线的三相调压电路　(b) 三相三线交流调压电路　　(c) 接成三角形的三相交流调压电路

图 5-22 三相交流调压电路

① 如图 5-22(a) 所示为星形带中线的三相交流调压电路。它是三个单相交流调压电路组合，每个周期内每只双向晶闸管被触发导通两次，两个脉冲间隔 $180°$，六个脉冲依次间隔 $60°$。由于有中线不一定非要用宽脉冲或双脉冲触发。而且每相负载都是正负对称缺角的正弦波，含有较大的奇次谐波分量，中线有较大的电流流过，它在数值上等于一相三次谐波电流分量的三倍，会引起变压器的发热和噪声，所以这种电路的应用受到了限制。

② 如图 5-22(b) 所示为三相三线交流调压电路。这种电路的负载可以接成星形或三角形，如图接为星形，触发电路与三相全控桥整流电路一样，应采用宽脉冲或双窄脉冲。

③ 如图 5-22（c）所示为晶闸管与负载接成三角形的三相交流调压电路。其特点是晶闸管串接在负载三角形内，流过的是相电流，即在相同线电流情况下，晶闸管的容量可降低。三角形内部存在高次谐波，但线电流中却不存在三次谐波分量，因此对电源的影响较小。

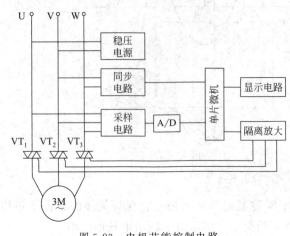

图 5-23 电机节能控制电路

以图 5-22（b）所示电路为例说明三相交流调压电路正常工作时对触发电路的要求。对于用反并联晶闸管或双向晶闸管作为开关元件，分别接至负载就构成了三相全波星形连接的调压电路，通过改变触发脉冲的相位控制角 α，便可以控制加在负载上的电压大小。对于不带零线的调压电路，为使三相电流构成通路，任何时刻至少有两个晶闸管同时导通。为此对触发电路的要求是：①三相正（或负）触发脉冲依次间隔 120°，而每一相正、负触发脉冲间隔 180°；②为了保证电路起始工作时能两相同时导通，以及在感性负载和控制角较大时，仍能保证两相同时导通，与三相全控桥式整流电路一样，要求采用双脉冲或宽脉冲（大于 60°）；③为了保证输出三相电压对称，应保证触发脉冲与电源电压同步。

如图 5-23 所示为三相交流调压电路在电机节能控制中的应用。由于电动机负载的变化将主要引起电流和功率因数的变化，因此可以用检测电流或功率因数的变化来控制串接在电动机绕组中的双向晶闸管，使之根据电动机的负载的大小自动调整电动机的端电压与负载匹配，达到降低损耗、节能的目的。

主电路为三相三线交流调压电路。控制电路以单片微机为核心，检测主电路的信号经处理后产生移相脉冲，调节电机的端电压。

如图 5-24（a）所示采用单相同步电路，即每隔 360°相位角产生一个同步信号给单片微

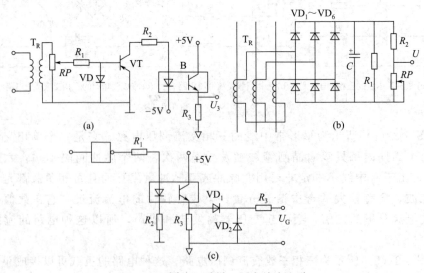

图 5-24 同步、采样、隔离放大电路

机，通过单片微机的软件处理和内部定时器定时，送出间隔 $60°$ 的脉冲信号，通过图 5-24(c) 所示的隔离放大电路控制晶闸管通断。

如图 5-24(b) 所示为电流检测电路，用交流互感器作检测元件，由交流互感器检测到的三相交流电流经三相桥式整流、电容滤波、电阻分压，可得 $0\sim5V$ 的直流电压信号，经 A/D 转换后送给单片微机与同步信号比较处理，改变输出脉冲的相位，实现自动调压、节能的目的。

如图 5-25 为 KJF 系列双向晶闸管调压调速装置系统原理图。其控制对象为三相交流异步电动机（380V、50Hz）；输出功率小于 40kW；调速范围为 5∶1，对于力矩电机可以达到 10∶1；调速静态误差不大于 $2.5\%\sim5.5\%$；其控制电压为 $0\sim8V$。

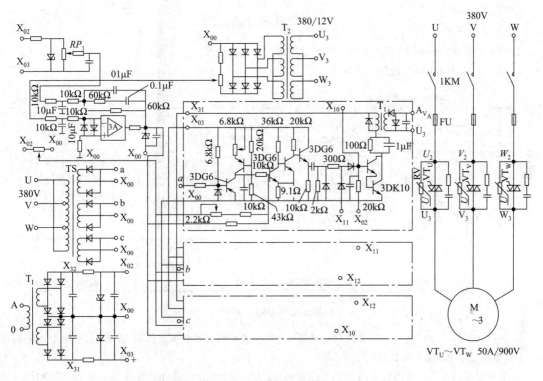

图 5-25　KJF 系列双向晶闸管调压调速装置系统原理图

（1）主电路　该系统主电路采用三只双向晶闸管，具有体积小、控制极接线简单等优点。U、V、W 为交流输入端，U_3、V_3、W_3 为交流输出端，连接三相异步电动机的定子绕组。为了保护晶闸管，在晶闸管两端接有阻容吸收装置和压敏电阻。

（2）控制电路　速度给定指令电位器 RP_1 所给出的电压经过运算放大器 3A 组成的速度调节器送入移相触发电路。同时，3A 放大器与来自测速发电机的速度反馈信号或来自电动机端电压的电压反馈信号，已构成 PID 调节闭环控制，提高调速系统的性能。

（3）移相触发电路　双向晶闸管有 4 种触发方式，本系统采用负脉冲触发，即不论电源电压在正半周还是在负半周，触发电路都输出负的触发脉冲。因为负脉冲触发所需要的门极电压和电流较小，容易保证足够大的触发功率，且触发电路简单。TS 是同步变压器，为保证电源在正负半波时都能够可靠触发，又有足够的移相范围，TS 采用 D，Y11 型接法。

移相触发电路采用锯齿波触发电路同步方式，可以产生双脉冲，同时具有强触发功能。

小　　结

交流开关与交流调压是双向晶闸管的重要应用，用门极小电流的通断来方便地控制阳极大电流的通断，实现无触点开关，有较高的工作频率，避免了电磁继电器的缺点。

采用过零触发可以方便地实现交流调压、调功，使微机控制电路方便地与高电压、大电流电路接口。

交流开关与交流调压电路的触发电路可采用前面介绍过的触发电路。注意要保证同步配合。

思考题与习题

1. 交流开关与交流调压有几种触发方式？过零触发有哪些优点？

2. 如图 5-26 所示电路分析其工作原理。

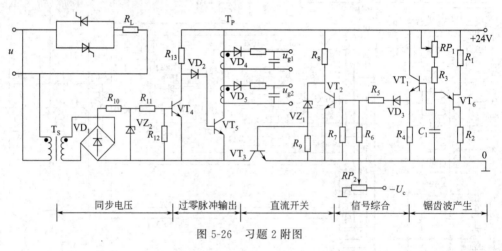

图 5-26　习题 2 附图

3. 一台 220V、10kW 的电炉，采用双向晶闸管单相交流调压，现使其工作在 5kW，试求电路的控制角 α、工作电流及电源侧的功率因数。

4. 某单相晶闸管反并联调功电路，采用过零触发。$U_2 = 220$V，负载电阻 $R = 1\Omega$，在设定周期内，控制晶闸管导通 0.3s、断开 0.2s。试计算送到电阻负载上的功率与晶闸管一直导通时所送出的功率。

5. 如图 5-27(a) 所示为单相晶闸管输出型光电耦合器 4N40 的内部等效电路，其特性参数为：输入电流 15～30mA，输出额定电压为 400V，输出端的额定电流为 300mA，输入输出隔离电压为 1500～7500V。图 5-27(b) 为 MC3041 的参数：输入电流 15mA，输出额定电压为 400V，输出端的最大浪涌电流为 1A，输入输出隔离电压为 7500V。简述其工作原理。并举例说明其应用。

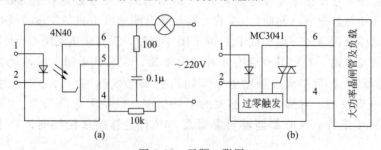

图 5-27　习题 5 附图

6. 如图 5-28 所示电路为单相软启动电路，分析其软启动原理与过程。

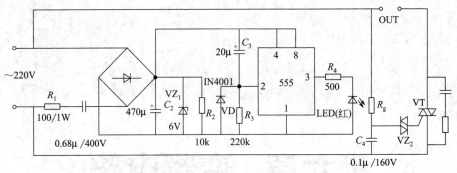

图 5-28　单相软启动电路

7. 如图 5-29 所示为 C650 车床主轴电机传动无触点可逆控制电气原理图，试分析其工作原理。

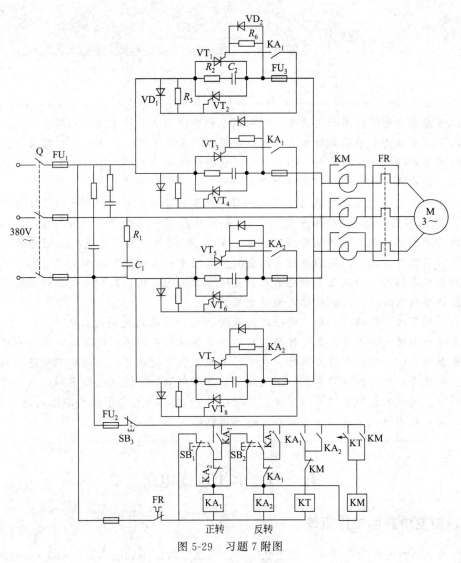

图 5-29　习题 7 附图

第六章　变频电路

随着电力电子技术的飞速发展，并与微机控制技术和控制理论相结合，近几年来以全控型电力电子器件为核心的变频装置，以其成本低、体积小、性能可靠、优质得到了广泛地开发与应用。如大型计算机等特殊要求的标准 50Hz 电源、不间断电源，特别是用于变频调速系统中的变频器，更是变频电路的典型应用。

变频器是一种可以改变电源频率，同时也能改变电源电压的电能转换装置。变频器分为交-交和交-直-交两种形式。交-交变频器可将工频交流直接变换成频率、电压均可控制的交流，又称直接变频器。而交-直-交变频器则是先把工频交流电通过整流器变成直流电，然后再把直流电变换成频率、电压均可控制的交流电，又称为间接式变频器。由直流变为交流的装置通常称为逆变器，这种逆变器将交流电能直接供给负载消耗，因此也称为无源逆变。

逆变器按负载的特点分为谐振式和非谐振式。谐振式是利用负载 L、C、R 串联或并联谐振，并用开关器件按照电路的固有谐振频率的节拍间断地向谐振槽路内补充直流电能，使振荡得以维持。也是将直流电能转变成负载上的交流电能，同样是一种逆变现象，但这种方式的逆变在负载上所得到的交流电的频率和电压比较难以调节。因此只适用于没有调频要求的场合。在本章中主要介绍非谐振式逆变器，特别是负载为感性又有调频调幅要求的逆变电路。

第一节　单相逆变电路

一、逆变电路的工作原理

如图 6-1 所示电路为典型的单相逆变电路。电路中所使用的功率器件为全控型器件或全控型器件模块，如果逆变电路输出频率较低，可采用 GTR 或 GTO；若输出频率较高，可以采用功率 MOSFET 或 IGBT 等高频全控型器件。与功率器件并联的二极管有续流作用，

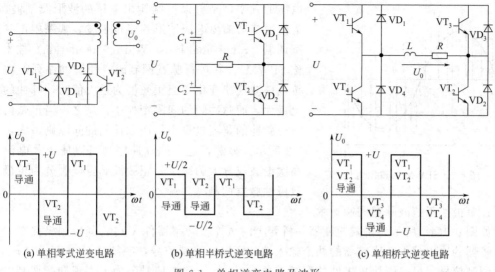

(a) 单相零式逆变电路　　　　(b) 单相半桥式逆变电路　　　　(c) 单相桥式逆变电路

图 6-1　单相逆变电路及波形

也起到对功率器件反压保护的作用。

如图 6-1(a) 所示为单相零式逆变电路，又称为推挽逆变器。功率器件 VT_1、VT_2 交替通/断导通工作，两个功率器件分别通过变压器向负载提供正、负电压，实现逆变。其输出波形如图。其优点是在任何时刻导通的开关不会多于一个，并且两个开关功率器件的驱动控制是共地的，其缺点是推挽变压器会出现直流饱和。

如图 6-1(b) 所示为单相半桥式逆变电路，同样功率器件 VT_1、VT_2 交替通/断导通工作。与单相零式逆变电路所不同的是：由电容 C_1 和 C_2 组成的分压电路对输入的直流电压进行分压，分得的电压作为工作电压。VT_1 导通时，电流的路径是从 C_{1+} 经 VT_1 流过负载到电容器 C_{1-}；VT_2 导通时，电流的路径是从 C_{2+} 流过负载经 VT_2 到电容器 C_{2-}，在负载上得到 $+U/2$、$-U/2$ 的交流电压，其输出波形如图 6-1(b)。

如图 6-1(c) 所示为单相全控桥式逆变电路，它由两个半桥式逆变器组成，在输入电压相同的条件下，输出电压是半桥逆变器的两倍，如果输出功率相同，其输出电流和开关电流则是半桥逆变器的一半。其简单工作原理：功率器件 VT_1、VT_2 同时导通（VT_3、VT_4 截止），在负载上形成正向电压 U；功率器件 VT_3、VT_4 同时导通（VT_1、VT_2 截止），在负载上形成负向电压 $-U$，波形如图，将直流电压变成交流电压，实现了逆变。注意同一桥臂上的两个功率器件不允许同时导通，否则造成桥臂短路现象。

上述电路只需调节开关功率器件交替通/断的频率，就可以方便地改变输出交流电的工作频率，实现变频的目的。很明显功率开关器件的简单交替通/断控制，只能在负载上产生矩形方波的电压或电流，其分解后除正弦基波外，还有许多的高次谐波，对交流负载的正常工作不利，同时干扰其他的电气设备，造成电网的电力公害。下面所介绍的脉宽调制技术应用于逆变器可以消除或减小高次谐波的干扰，有利于逆变器的小型化和降低成本，因此得到了广泛的应用。

二、脉宽调制技术

脉宽调制（Pulse Width Modulation）简称 PWM，PWM 技术就是在所需的频率周期内，将直流电压调制成等幅不等宽的系列交流输出电压脉冲，以达到控制频率、电压、电流和抑制谐波的目的，是通过控制半导体功率开关元件的导通和关断时间比，调节脉冲宽度或周期来控制输出电压的一种控制技术。脉宽控制技术应用于逆变器，即可以控制逆变器输出

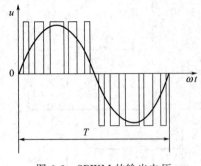

图 6-2　SPWM 的输出电压

电压的频率，又可以控制输出电压的波形及基波幅值。为使逆变器输出电压波形趋于正弦波，常采用正弦波脉宽调制（Sinusoidal Pulse Width Modulation）技术（简称 SPWM），在进行脉宽调制时，使脉冲序列的占空比按正弦波规律变化。当正弦值为最大值时，脉冲的宽度也最大，而脉冲间的间隔则最小；反之，当正弦值最小时，脉冲的宽度也最小，而脉冲间的间隔则最大，如图 6-2 所示。显然，这样的脉冲序列可以使负载电流中的高次谐波成分大为减小。正弦波脉宽调制分为单极性和双极性脉宽调制。

1. 单极性正弦波脉宽调制技术

如图 6-3(a) 所示为桥式逆变器一桥臂上的全控型功率器件 VT_1，其控制极接在一个电压比较器的输出端上，比较器的两个输入端分别接入控制信号，一端接 $u_C = U_c \sin 2\pi f_C t$ 的正弦调制信号，另一端接单极性的等腰三角波 u_R 作为载波信号。为了实现同步调制，要求载波信号 u_R 的频率 f_R 高于正弦调制信号 u_C 的频率 f_C 的倍数 N 是固定的。因为三角波是上下宽度线性的波形，在 u_C 信号的半个周期内，u_C 与 u_R 比较的结果，使比较器输出 N 个宽度不等的脉冲，每一脉冲的宽度与所对应的 u_C 的数值有关。因此，脉冲宽度成为断续的时间正弦函数。用这一序列脉冲来控制逆变器中的 VT_1，则在其输出端可得到一组类似的矩形脉冲电压，如图 6-3(b) 的实线所示，脉冲的幅度相同，都是逆变器直流侧电压 U_D。这组等幅而宽度按断续正弦规律变化的脉冲对负载的作用，可用等效正弦波来代替。显然，等效正弦波的幅值与逆变器直流供电电压 U_D 有关（成比例），同时也与控制电压 u_C 的幅值 U_C 有关。这是因为保持 u_R 不变而改变 u_C 的幅值时（例如把 u_C 降为原来的 1/2，如图中虚线所示的矩形脉冲电压），与 u_R 比较的结果仍然得到 N 个矩形脉冲，只是每一个脉冲的宽度都相应缩小一半，如图 6-3(b) 中虚线所示，显然此时的等效正弦波的幅度也将减小一半。

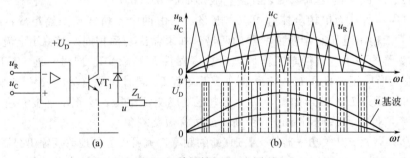

图 6-3　单极性 SPWM 原理

综上所述，逆变器的输出虽是一序列脉冲，脉冲的幅度取决于逆变器直流电压 U_D，脉冲的宽度取决于控制电压 u_C，而脉冲宽度的变化周期就是控制信号的周期 $1/f$。因此，逆变器输出的等效正弦波可表示为

$$u = K U_D U_C \sin 2\pi f t$$

式中　K——与调制器参数有关的常数。

显然，改变正弦调制信号 u_C 的频率 f_C 就可以改变逆变器输出电压的工作频率；改变正弦调制信号 u_C 的幅值 U_C 就可以改变逆变器输出电压的幅值。但要注意三角载波与正弦调制波的频率比 N 要受功率开关器件的开关频率的限制。N 越大，则载波频率越大，在一个工作周期内功率器件的开关次数就越多，使元件的开关损耗也相应地增加。

单极性 SPWM 控制的特点是：每半个周期内，逆变桥同一桥臂的两个功率开关器件中，只有一个器件按 SPWM 脉冲序列的规律时通时断地工作，而另一个完全截止。

2. 双极性正弦波脉宽调制技术

双极性正弦波脉宽调制与单极性正弦波脉宽调制所不同的是：等腰三角载波信号为双极性，与正弦调制信号相比较，得到正负极性的输出电压，如图 6-4 所示。其基波近似于正弦波电压，与单极性 SP-WM 一样，控制正弦调制波的幅值与频率，就能控制逆变器的输出电压与频率。

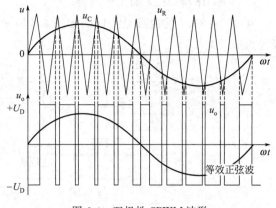

图 6-4　双极性 SPWM 波形

其工作的特点为：在任意半个周期内，同一桥臂上的两个功率开关器件互补交替导通。

三、单相 PWM 集成控制芯片

单相 PWM 集成控制芯片有很多类型，如 MC3520、SG3524、SL-64、TL494、MC34060、TL1451、UC3842、MC34129 等，下面以 SG3524 为例介绍其功能及特点。

图 6-5　SG1524/3524 外形与端子

（一）SG1524/3524 的功能和特点

SG1524/3524 系列广泛应用于开关电源、相位变换、PWM 逆变器等电路中，其具有以下功能与特点：①完善的 PWM 功率控制功能；②输出工作频率大于 100kHz；③集电极、发射极开路输出，最大输出电流为 100mA；④负载调整率典型值为 0.2%；⑤工作电压范围为 8～40V。

SG1524/3524 采用双列直插式 16 端子陶瓷或塑料封装，其外形与端子如图 6-5 所示，其端子功能如表 6-1 所示。

表 6-1　SG1524/3524 端子与功能

端子	功　能	备　注
1	误差放大反相输入	反馈信号与基准信号相比较，送入放大器
2	误差放大同相输入	
3	振荡器输出端	检测端或输出频率
4	检测端	限流检测
5	检测端	
6	振荡器外接电阻	决定芯片的工作频率
7	振荡器外接电容	
8	接地	电源地
9	校正端	实现频率补偿
10	关闭控制	悬空或接地芯片工作
11	发射极输出 A	两个最大电流为 100mA 的 NPN 晶体管，两管相位差 180°，集电极和发射极都是开路的
12	控制 A	
13	控制 B	
14	发射极输出 B	
15	电源	工作电压范围为 8～40V
16	基准电源端	5V 基准电源

(二) SG1524/3524 的工作原理

SG1524/3524 的内部结构框图如图 6-6 所示,由基准电压、振荡器、误差放大器、输出级等组成。

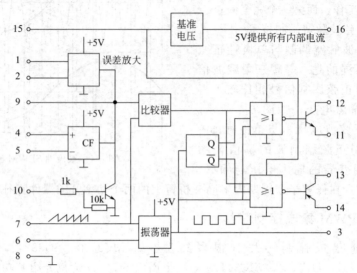

图 6-6 SG1524/3524 内部框图

(1) 内部电压稳定器 SG1524/3524 内部有一个输出电压为 +5V、输出电流为 50mA,并具有短路保护特性的稳压器。它为内部电路提供 +5V 电压源,同时对外提供基准电源。SG1524/3524 的最小输入电压为 +8V。当输入电压小于 +8V 时,可采用其他低压差为 +5V 的稳压器,也可用 +5V 电压直接输入。此时应将 15 端与 16 端短接。如图 6-7 所示。

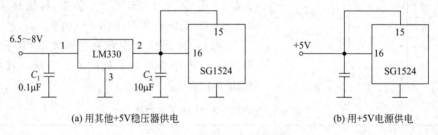

(a) 用其他+5V稳压器供电   (b) 用+5V电源供电

图 6-7 用 +5V 电源供电

(2) SG1524/3524 内部有一个振荡器,它的振荡频率由外接电阻和外接电容决定,振荡器输出信号触发一个触发器,并由触发器控制脉冲宽度调制信息。脉冲占空时间由 C_T 值控制。

(3) 误差放大器 误差放大器是一个差分输入跨导放大器,它的增益极限值为 80dB。若增加负载,增益将降低;当频率增高时,增益也降低。

放大器输出端 9 端电压送至脉宽调制器,该电压控制输出脉冲的占空比。放大器的共模输入电压在 1.8~3.4V 范围内。

(4) 电流限制电路 电流限制放大器的功能是限制误差放大器的输出并控制脉冲宽度。当电流限制的检测电压 (约 200mV) 施加到 4、5 两端时,输出占空比降至 25%;检测电压再增加 5% 时,输出占空比即降至零 (注意:不要超过 −0.7~+1.0V 的输入共模范围)。

(5) 输出级 SG1524/3524 的输出级是由两个最大电流为 100mA 的 NPN 晶体管所组成,两管相差 180°,集电极和发射极都是开路的。

（三）SG1524/3524 的应用

如图 6-8 所示为 SG3524 构成的推挽式 PWM 稳压电源的电气原理图。此电路是输出电压为 5V，输出电流为 5A 的稳压电源，SG3524 是该电源的核心，并直接向逆变电路的开关功率管提供脉宽调制信号，将直流变为交流。6 端和 7 端对地分别接有 $3k\Omega$ 和 $0.01\mu F$ 电容，由此确定其开关频率，电阻 R_1、R_2 提供取样电压经 1 端引入比较放大器的反向输入端；9 端对地接有串联 $0.001\mu F$ 电容和 $20k\Omega$ 电阻，以实现频率补偿；11 端和 14 端直接与外接开关功率管 VT_1、VT_2 基极相连，电阻 R_8、R_9 经 12 端和 13 端引入作为 SG3524 输出管的负载；限流电阻 R_7 经 4 端和 5 端引入过流保护电路，其值决定输出电流的极限值，市电经电源变压器和整流滤波电路，得到设计要求的未稳压的直流电从 15 端加入 SG3524 以及通过高频变压器加到 VT_1，VT_2 管集电极，则该电源投入正常运行。

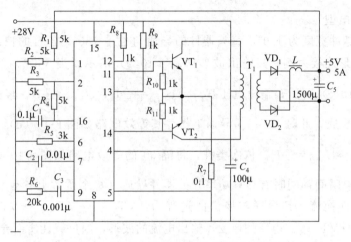

图 6-8　SG3524 构成的推挽式 PWM 稳压器

第二节　三相逆变器与控制模式

在交流-直流-交流变频系统中，根据最靠近逆变桥的直流滤波方式逆变器可分为电压型与电流型两种。电压型主要采用大电容滤波，逆变器的直流电源阻抗小，类似于电压源，逆变输出的电压比较平直，波形为交变矩形波；电流型则主要采用大电感滤波，电源呈现高阻抗，类似于电流源，此类逆变器输出电流比较平直，波形为交变矩形波。

一、三相交-直-交变频主电路结构、控制模式与输出波形的关系

图 6-9 所示为最常用的交-直-交三相变频主电路，其中整流部分采用三相桥式不可控整流器，并接有大容量滤波电容器 C，对逆变部分提供恒定电压 U。逆变器部分是用 $VT_1 \sim VT_6$ 六个半导体全控型功率器件反向并有二极管 $VD_1 \sim VD_6$ 构成三相桥式电路，负载可以接成星形，也可以是角形。

三相桥式逆变电路在结构上与三相整流电路很相似，器件的导通顺序也是 $VT_1 \rightarrow VT_2 \rightarrow VT_3 \rightarrow VT_4 \rightarrow VT_5 \rightarrow VT_6 \rightarrow VT_1$，各自的控制信号彼此相差 $60°$（是指输出频率的相位角）。但在无源逆变电路中一般都采用强制换流方式，因此控制信号都应用宽脉冲。根据脉冲信号波形的不同，三相桥式逆变电路可分为两种控制模式，所得出的三相负载电压的波形也会有所区别。

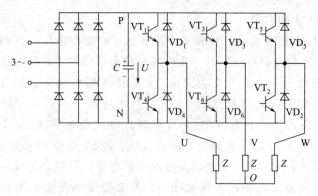

图 6-9　交-直-交电压型三相变频主电路

（一）180°通电型

控制信号的脉冲宽度为 180°，每只器件的导通角也是 180°，各自的控制信号彼此相差 60°，以负载作星形连接为例，其输出波形如图 6-10（a）所示。当 $VT_{5、6、1}$ 导通工作时，其等效电路如图 6-10（c）所示，输出电压 $U_{UO}=U_{WO}=\frac{1}{3}U$，$U_{VO}=\frac{2}{3}U$。经过 60°后 VT_5 关断、VT_2 被触发导通，此时 $VT_{6、1、2}$ 导通工作，其等效电路如图 6-10（d）所示，输出电压 $U_{UO}=\frac{2}{3}U$，$U_{VO}=U_{WO}=\frac{1}{3}U$。依次类推，每隔 60°的等效电路如图 6-10（e）、（f）、（g）、（h）所示。在任意瞬间都同时有三只功率开关器件导通（每个桥臂上各有一只），同一桥臂上的两个开关器件换流。其导通与换流的过程为：$VT_{5、6、1}\rightarrow VT_{6、1、2}\rightarrow VT_{1、2、3}\rightarrow VT_{2、3、4}\rightarrow VT_{3、4、5}\rightarrow VT_{4、5、6}\rightarrow VT_{5、6、1}$。电压型逆变器输出电流的波形，因负载性质而异，对于纯电阻负

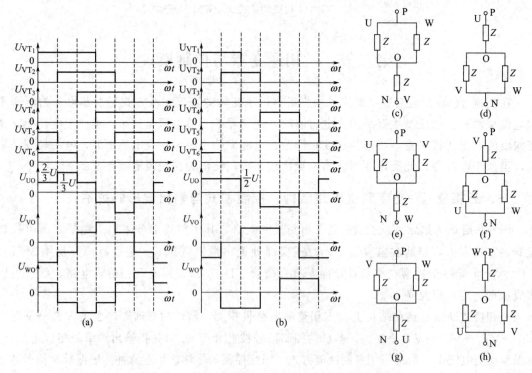

图 6-10　三相逆变器电压波形及一周内的等效电路

载，电流的波形与电压的波形相似，为有台阶的矩形波；若负载是感性负载（L、R），电流的波形就比较复杂，一般是滞后于电压矩形波的锯齿波形。

从图 6-10（a）的波形图求得输出电压的有效值

相电压为：
$$U_{UO} = \sqrt{\frac{1}{2\pi}\int_0^{2\pi} u_{UO}^2 \mathrm{d}\omega t} = \frac{\sqrt{2}}{3}U = 0.471U$$

线电压为：
$$U_{UV} = \sqrt{3}U_{UO} = 0.813U$$

（二）120°通电型

控制信号的脉冲宽度为 120°，每只器件的导通角也是 120°，在任意瞬间都同时有二只功率开关器件导通。相邻桥臂上的两个开关器件换流，触发脉冲与输出电压波形（Y 接负载）如图 6-10（b）所示。其导通与换流的过程为：$VT_{6、1} \rightarrow VT_{1、2} \rightarrow VT_{2、3} \rightarrow VT_{3、4} \rightarrow VT_{4、5} \rightarrow VT_{5、6} \rightarrow VT_{6、1}$。其输出电压的有效值为

$$U'_{UO} = \frac{1}{\sqrt{6}}U = 0.408U$$

$$U'_{UV} = \sqrt{3}U'_{UO} = 0.707U$$

显然，180°通电型主电路中的换流是在同一桥臂上同时完成，例如 VT_1 导通时对应于 VT_4 关断，若 VT_4 稍延迟一点关断，则将形成桥臂短路。而 120°通电型同一桥臂上的两个开关器件的导通与关断相差 60°的间隔，对安全换流有利。

如果将图 6-9 所示电路中的并联电容 C 改为较大电抗器 L 串联于整流器与逆变器之间，使整流后的直流电源相当于恒流源，则为电流型变频器。实际应用中可能采用既有电容又有电感滤波的方式。

二、逆变器输出参数的控制

（一）输出频率的控制

无论是 180°通电型还是 120°通电型，只需要调节 6 个功率开关器件导通一周所用时间，即通过调节控制脉冲的宽度即可调节输出电压的频率。

（二）输出电压的控制

输出电压的控制一般有三种基本方案，如图 6-11 所示。

（1）可控整流方案　如图 6-11(a) 所示，通过改变可控整流输出直流电压来改变逆变器的输出电压，逆变器完成输出频率的调节。存在两个功率控制级，并且要求两个功率控制级保持一定的关系，电路才能可靠地工作，使电路控制复杂化。

（2）直流斩波调压方案　如图 6-11(b) 所示，不可控整流输出后，通过斩波技术，改变逆变器的输入直流电压而达到调节输出电压的目的。同样存在两个功率控制级，输出电压调节与输出频率调节保持一定的关系。

（3）逆变器 PWM 控制方案　如图 6-11(c) 所示，通过不可控整流得到电压，供给逆变器，通过逆变器

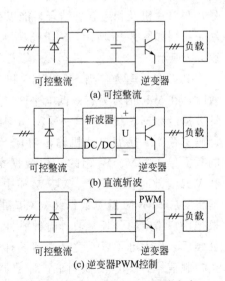

(a) 可控整流

(b) 直流斩波

(c) 逆变器PWM控制

图 6-11　逆变器输出电压调节方案

本身的 PWM 控制达到改变输出电压、频率的目的，并保证输出电压与输出频率的协同调节，而且可以有效地抑制输出的高次谐波。是一种较常用的控制方案。

三、三相 SPWM 控制的实现

前面已经介绍过单相 SPWM 控制技术，三相逆变器相当于三个单相的逆变器的组合，且输出电压保持对称性，即三相频率相同、幅值相同、相位互差 120°。所以要求三相 SPWM 控制中应有相同的载波信号，起控制作用的正弦调制信号应保持频率相同、幅值相同、相位互差 120°。其波形如图 6-12 所示，实现对逆变器中的 6 个功率开关器件的控制，其调制规律是：以 U 相为例，不分正负半周，只要正弦调制信号 u_{WU} 大于三角载波信号 u_R，就导通 VT$_1$，同时封锁 VT$_4$；只要正弦调制信号 u_{WU} 小于三角载波信号 u_R，就导通 VT$_4$，同时封锁 VT$_1$。

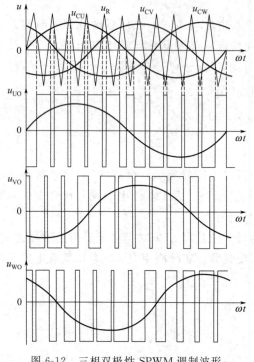

图 6-12 三相双极性 SPWM 调制波形

实际应用中实现三相 SPWM 控制是由专用的 SPWM 大规模单片集成电路完成，如 HEF4752 和 SLE4520 等。HEF4752 所产生的 SPWM 信号开关频率较低，适合于配合 GTR 等功率开关器件，而 SLE4520 是德国西门子公司生产的一种 CMOS 大规模集成电路，工作频率可达 20kHz，通过内部的可编程分频器还能获得较低的开关频率，因此，SLE4520 既可以与 IGBT 器件配套，也可以与 GTR、GTO 器件配套，具有广泛适应性。

SLE4520 是一个可编程器件，能把三个 8 位数字量同时转换为三路相应脉宽的矩形信号，与单片机及相应软件结合，能以很简单的方式产生三相逆变器所需的六路控制信号。其端子排列如图 6-13 所示，SLE4520 为 28 端子双列直插式结构，各端子的名称及功能说明见表 6-2 所示。

其工作原理为：当 STATUS 和 INHIBT 信号无效时，在 $\overline{WR}$ 信号为有效低电平时，单片机输出的地址数据经数据总线 $P_0 \sim P_7$ 写入 SLE4520 内部的地址译码寄存器。接着单片机输出对应 SPWM 脉冲宽度的数据给 U、V、W 相的八位数据寄存器，当 ALE 和 WR 有效时，在使 U、V、W 相中的某个八位寄存器将对应 SPWM 脉宽数据装入对应的可预置计数器。根据用户给定的分频系数，时钟脉冲用可编程分频器分频后，作为可预置八位计数器的计数脉冲，在单片机控制信号 SYNC 的控制下，计数器进行递减计数，由零检测器控制计数值是否到零，并且输出对应于该

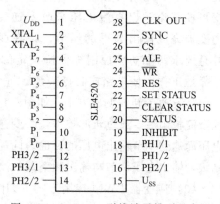

图 6-13 SLE4520 引线端子排列示意图

表 6-2　SLE4520 端子名称与功能

端 子	名 称	功 能
1	电源正 U_{DD}	
15	电源负 U_{SS}	
2	XTAL₁	外接晶振,为 SLE4520 提供时钟信号(12MHz)
3	XTAL₂	
28	CLKOUT	晶振频率输出,为单片机提供同步时钟信号,接单片机时钟信号输入端
4~11	$P_7 \sim P_0$	八位数据输入端,与写信号配合将单片机输出指令或数据送入 SLE4520 内部的寄存器
24	$\overline{WR}$	写信号输入端,低电平有效,与单片机的读信号相连
25	ALE	地址锁存允许输出端,与写信号一起决定 SLE4520 内部的三个八位数据寄存器与两个四位控制寄存器依据程序中设定的地址信号进行选择,接于单片机的 ALE 端
18	PH1/1	接功率开关器件 VT₁ 的驱动电路输入
17	PH1/2	接功率开关器件 VT₄ 的驱动电路输入
16	PH2/1	接功率开关器件 VT₃ 的驱动电路输入
14	PH2/2	接功率开关器件 VT₆ 的驱动电路输入
13	PH3/1	接功率开关器件 VT₅ 的驱动电路输入
12	PH3/2	接功率开关器件 VT₂ 的驱动电路输入
20	STATUS	通断状态触发器输出端,标志 SLE4520 工作于输出状态还是封锁输出状态,常用于 SLE4520 工作状态显示
26	CS	选通输入端。高电平有效,接单片机系统的译码电路输出端
19	INHIBIT	封锁脉冲端,该端高电平时 SLE4520 的输出被封锁,应用于过载、短路等故障保护
21	CLEAR STATUS	通断状态触发器复位输入端
22	SET STATUS	通断状态触发器置位输入端
23	RES	复位端
27	SYNC	控制信号端

相八位给定数据大小的 SPWM 脉宽信号。进而经互锁时间生成及输出寄存器根据死区寄存器设置的互锁时间间隔后,输出该相主开关元件的 SPWM 脉冲控制信号。在实际应用的初始化设置中,INHIBIT 端应置高电平,使六路输出脉冲全被封锁(置 1),SLE4520 的 SPWM 信号有效电平为低电平,最大可提供 20mA 的电流。

SLE4520 各内部寄存器的地址如下:

地址	寄存器
00	A 相寄存器
01	B 相寄存器
02	C 相寄存器
03	死区寄存器
04	分频控制寄存器

第三节　多电平电压源型逆变器

在高压、大容量、交-直-交电压源型变频调速系统中,为了减少开关损耗和每个开关承受的电压,进而改善输出波形,减少转矩脉动,多采用增加直流电平的方法。三电平逆变器主电路如图 6-14 所示,图中的功率开关器件由 IGBT 组成。

在三电平逆变器的基础上,又出现了五电平、七电平和九电平逆变器。主要有二极管箝位式、电容箝位式和独立直流电源串联式。由于受到硬件条件和控制复杂性的制约,对于二

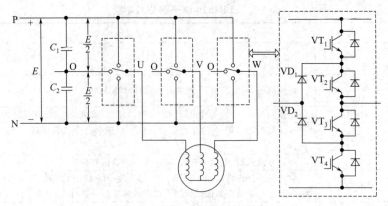

图 6-14　三电平逆变器主电路

极管、电容箝位式限于七电平或九电平，在实际应用中，最为成熟的是三电平或五电平逆变器，对于独立直流电源逆变器也会在实际应用中受到限制。因此，在满足性能指标的情况下，不宜追求过高的电平数目。

一、三电平逆变器结构与工作原理图

图 6-14 为一个三相二极管箝位三电平逆变器主电路基本结构图，其中分压电容 C_1、C_2 相同，所以每个电容上的电压均为 $E/2$。VD_1、VD_2 为每个桥臂的 2 个箝位二极管，$VT_1 \sim VT_4$ 为每个桥臂的 4 个大功率开关器件，其中每两个开关器件同时处于导通或关断状态，从而得到不同开关状态组合及相应的输出电压。由图 6-14 可以看出，当 VT_1、VT_2 导通和 VT_3、VT_4 关断时，逆变器 U 相输出电压为 $+E/2$（直流母排正端对电容中点 O 的电压），即 P 状态；当 VT_3、VT_4 导通和 VT_1、VT_2 关断时，输出电压为 0，即 C 状态，通过箝位二极管的导通把 U 点箝位在 O 点上，如表 6-3 所示。

表 6-3　三相二极管箝位三电平逆变器的开关状态

输出电压			状　态	开关状态			
U_{UO}	U_{VO}	U_{WO}		VT_1	VT_2	VT_3	VT_4
$E/2$	$E/2$	$E/2$	P	1	1	0	0
0	0	0	C	0	1	1	0
$-E/2$	$-E/2$	$-E/2$	N	0	0	1	1

箝位二极管的作用，使每相输出电压在 $\pm E/2$ 之外又多了电平 0，线电压则有五个电平即 $\pm E/2$、$\pm E$ 和 0，如图 6-15 所示。

此三电平电路的每一相都有 P、C、N 三种输出状态。如把 U 相的三种状态与 V、W 两相的三种状态组合，就有了 $3^3 = 27$ 种状态，见表 6-4。在表中，第 1 个字母代表 U 相，第 2 个字母代表 V 相，第 3 个字母代表 W 输出状态。

一般规定：每相的开关状态只能从 P 到 C、C 到 N，或者从 N 到 C、C 到 P，不能直接从 P 到 N 或者从 N 到 P；每个大功率开关器件的开工状态变化次数越少越好。因此这种电路直通误触发危险性很小，适应于大功率逆变器。

二、五电平逆变器结构与工作原理图

当要求变频器的输出电压比较高时，可采用五电平逆变器。图 6-16(a) 为一个二极管箝

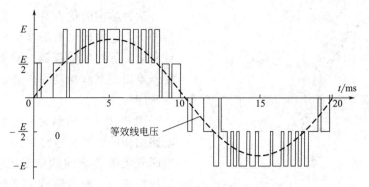

图 6-15　三电平逆变器输出线电压波形

表 6-4　三电平逆变器输出状态

PPP	PPC	PPN	PCP	PCC	PCN	PNP	PNC	PNN
CCC	CCN	CCP	CNC	CNN	CNP	CPC	CPN	CPP
NNN	NNP	NNC	NPN	NPP	NPC	NCN	NCP	NCC

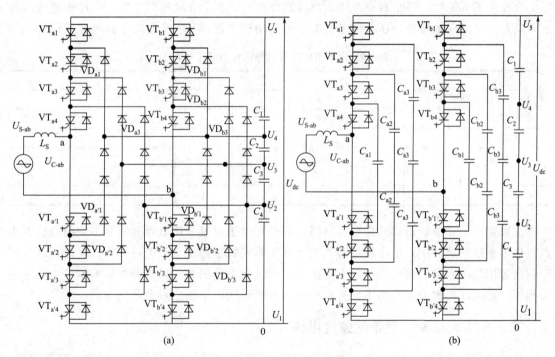

(a)　　　　　　　　　　　(b)

图 6-16　五电平逆变器主电路

位式五电平逆变器主电路，其工作原理与三电平逆变器相似，开关状态如表 6-5 所示，相、线电压波形如图 6-17 所示。

表 6-5　二极管箝位式五电平逆变器开关状态

输出电压 U_{a0}	开关状态							
	VT_{a1}	VT_{a2}	VT_{a3}	VT_{a4}	$VT_{a'1}$	$VT_{a'2}$	$VT_{a'3}$	$VT_{a'4}$
$U_s = U_{dc}$	1	1	1	1	0	0	0	0
$U_4 = 3U_{dc}/4$	0	1	1	1	1	0	0	0
$U_3 = U_{dc}/2$	0	0	1	1	1	1	0	0
$U_2 = U_{dc}/4$	0	0	0	1	1	1	1	0
$U_1 = 0$	0	0	0	0	1	1	1	1

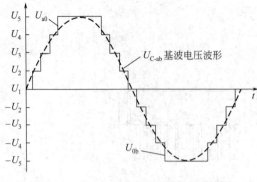

图 6-17　五电平变频器相、线电压波形

这种结构的优点是：在器件耐压相同的条件下，能输出更高的交流电压，适合制造更高电压等级的变频器。缺点是：用单个逆变器难以控制有功功率传递，存在电容电压均压问题。

图 6-16（b）所示为一电容钳位式五电平电路结构图。这种电路采用的是利用跨接在串联开关器件之间的串联电容进行钳位的，工作原理与二极管钳位电路相似，其开关状态如表 6-6 所示，输出波形与图 6-17 相同。

该电路在电压合成方面，对于相同的输出电压，可以有不同的选择，比二极管钳位式具有更大的灵活性。例如，对于输出 $3U_{dc}/4$，可以有两种选择：VT_{a1}、VT_{a2}、VT_{a3}、$VT_{a'1}$ 开通，$VT_{a'4}$、$VT_{a'1}$、$VT_{a'2}$、$VT_{a'3}$ 断开。这种开关组合的选择性，为这种电路用于有功功率变换提供了可能性，但是对于高压大容量系统而言，在给变频器带来因电容体积庞大而占地面积大、成本高缺点外，还会带来控制上的复杂性和器件开关频率高于基频的问题。

表 6-6　电容钳位式五电平逆变器开关状态

输出电压 U_{a0}	开关状态							
	VT_{a1}	VT_{a2}	VT_{a3}	VT_{a4}	$VT_{a'1}$	$VT_{a'2}$	$VT_{a'3}$	$VT_{a'4}$
$U_s = U_{dc}$	1	1	1	1	0	0	0	0
$U_4 = 3U_{dc}/4$	1	1	1	0	1	0	0	0
$U_3 = U_{dc}/4$	1	1	0	0	1	1	0	0
$U_2 = U_{dc}/4$	1	0	0	0	1	1	1	0
$U_1 = 0$	0	0	0	0	1	1	1	1

二极管钳位和电容钳位的逆变器电路，都存在由于直流分压电容充放电不均衡造成的中点电压不平衡问题。中点电压的增减取决于开关模式的选择、负载电流方向、脉冲持续时间以及所选用的电容等。这一电压的不平衡会引起输出电压的畸变，必须加以抑制。主要手段是根据中点电压的偏差，采用不同开关模式和持续时间以抑制中点电压的偏差。

三、高压大功率变频器的整流电路

高压变频器的容量一般较大，如果采用低压变频器常用的二极管（6 脉冲）整流电路，将会对电网产生严重的谐波污染问题。为了在本质上解决谐波对电网的污染问题，通常采用多重化技术或全控型大功率器件构成的 PWM 整流电路。

1. 多重化整流电路

为了降低谐波输入电流，将几个桥式整流电路多重连接，可构成 12、18 和 24 等脉波结构的多重化整流电路。如果能量不需要回馈电网或变频器不需要作四象限运行。可采用二极管整流电路，反之采用可控整流电路。图 6-18 是两种 12 脉波的整流电路原理图，整流变压器二次侧分别采用星形和三角形连接，构成相位互差 30°、大小相等的两组电压，分别给串联在一起的两组整流桥供电，避免器件的直接串联，大大改善了输入电流波形。虽然 12 脉波整流电路比 6 脉波整流电路的输入电流波形更加接近正弦波，但是总谐波电流失真仍大于

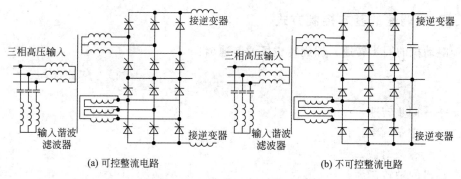

(a) 可控整流电路　　　　　　(b) 不可控整流电路

图 6-18　12 脉波整流电路原理图

5％的要求（IEEE519—1992 标准规定小于 5％），所以 12 脉波整流电路的输入端一般还要安装输入谐波滤波器，或者采用更高输入脉波数的整流电路。

图 6-18（a）所示为可控整流电路，采用大电感进行滤波，形成电流源型整流电路结构，总谐波电流失真为 10％左右。在电流源型变频器中，通过调节可控整流电路的整流电压，从而达到控制直流环节电流幅值大小的目的。因而功率因数随着转速的下降而下降，所以一般要安装功率因数补偿器。图 6-18（b）所示为不可控整流电路，采用大电容进行滤波，形成电压源型整流电路结构。在电压源型变频器中，由于采用二极管不可控整流，换相更加缓慢，使高次谐波电流小于晶闸管整流电流。谐波电流失真为 7％左右，接近标准要求。如果电网对谐波失真的要求不高，可不安装输入滤波器。其功率因数较高，一般也不必安装功率因数补偿器，但是二极管整流电路不能把能量回馈电网，无法实现四象限运行，因此该整流电路主要用于风机、泵机负载。

独立直流电源串联式高压变频器的整流电路由于采用多重化结构，输入脉波数一般都很高，总的谐波电流失真也很小，所以此种高压变频器对电网造成的谐波污染可以忽略不计。

2. 三电平 PWM 整流电路

如图 6-19 电路为由 IGBT 构成的三电平 PWM 型变频器整流电路，其结构与逆变电路对称。其特点是：输出直流电压可控，输出电流谐波失真小，

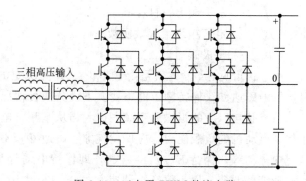

图 6-19　三电平 PWM 整流电路

电流波形接近正弦波，输入功率因素可以调整到 1，减少了功率因数补偿装置，实现能量的双向流动，实现系统的四象限运行，能量可以回馈给电网。其缺点是成本较高，效率低于普通二极管整流电路，一般应用于二极管整流结构无法实现的场合。

第四节　变频器在变频调速中的应用

在交流异步电动机的诸多调速方法中，变频调速的性能最好，调速范围大，静态稳定性好，运行效率高。采用通用变频器对笼型异步电动机运行调速控制，由于使用方便、可靠性高并且经济、效益显著，所以逐步得到推广。

一、变频调速的基本控制方式

异步电动机的同步转速，即旋转磁场的转速为：

$$n_1 = \frac{60 f_1}{p}$$

式中　　n_1——同步转速，r/min；

　　　　f_1——定子频率，Hz；

　　　　p——磁极对数。

而异步电动机的轴转速为：

$$n = n_1(1-s) = \frac{60 f_1}{p}(1-s)$$

式中　　s——异步电动机的转差率，$s = (n_1 - n)/n_1$。

改变异步电动机的供电频率，可以改变其同步转速，实现调速运行。

对异步电动机进行调速控制时，希望电动机的主磁通保持额定值不变。磁通太弱，铁心利用不充分，同样的转子电流下，电磁转矩小，电动机的负载能力下降；磁通太强，则处于过励磁状态，使励磁电流过大，这就限制了定子电流的负载分量，为使电动机不过热，负载能力也要下降。异步电动机的气隙磁通（主磁通）是定、转子合成磁动势产生的，下面说明怎样才能使气隙磁通保持恒定。

由电机理论知道，三相异步电动机定子每相电动势的有效值为

$$E_1 = 4.44 f_1 N_1 \Phi_{\mathrm{m}}$$

式中　　E_1——定子每相由气隙磁通感应的电动势的方均根值，V；

　　　　f_1——定子频率，Hz；

　　　　N_1——定子相绕组有效匝数；

　　　　Φ_{m}——每极磁通量，Wb。

由上式可见，Φ_{m} 的值是由 E_1 和 f_1 共同决定的，对 E_1 和 f_1 进行适当的控制，就可以使气隙磁通 Φ_{m} 保持额定值不变。下面分两种情况说明。

（1）基频以下的恒磁通变频调速　当从基频（电动机的额定频率 $f_{1\mathrm{N}}$）向下调速时，为了保证电动机的负载能力，应保持气隙主磁通 Φ_{m} 不变，这样就要求降低供电频率的同时降低感应电动势，保持 $E_1/f_1 =$ 常数，即保持电动势与频率之比为常数而进行控制。又称为恒磁通变频调速，属于恒转矩调速方式。

显然，感应电动势 E_1 难于直接检测和直接控制，当 E_1 和 f_1 的值较高时，定子的漏阻抗压降相对比较小，如果忽略不计，则可以近似地保持定子相电压 U_1 和频率 f_1 的比值为常数即可。这是恒压频比控制方式，是近似的恒磁通控制。当频率较低时，U_1 和 E_1 都较小，定子漏抗压降（主要是定子电阻压降）不能再忽略，这种情况下，可以认为适当提高定子电压以补偿定子电阻压降的影响，使气隙磁通基本保持不变。如图 6-20 所示，其中曲线 1 为 $U_1/f_1 =$ 常数时的电压、频率关系，曲线 2 为有电压补偿时的电压、频率关系。实际应用中通用变频器 U_1 与 f_1 之间的函数关系有

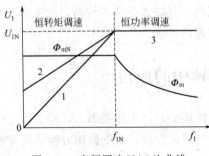

图 6-20　变频调速 U/f 比曲线

很多种，用户可以根据负载性质和运行状况加以选择。

（2）基频以上的变频调速 当频率由额定频率 f_{1N} 向上增加时，由于电压受到额定电压 U_{1N} 的限制不能再升高，只能保持 $U_1 = U_{1N}$ 不变。必然会使主磁通 f_1 的上升受到限制，相当于直流电动机弱磁调速的情况，属于近似的恒功率调速方式。如图 6-20 曲线 3 所示。

由上面的讨论可知，异步电动机的变频调速必须按照一定的规律同时改变其定子电压和频率，实现调压调频调速，即 VVVF（Variable Voltage Variable Frequency）调速控制。

二、变频器应用举例

目前，通用变频器主要的应用有两个方面：一方面为了满足生产工艺调速的要求而进行的变频器应用；另一方面为了节能需要而进行的变频器应用。下面以恒压供水系统为例介绍变频器的应用。

变频器恒压供水系统是指用户端不管用水量的大小，总保持管网中的水压基本恒定，即满足用户用水的要求又不使电机空转，造成电能的浪费。为此需要变频器根据给定水压信号和反馈压力信号，调节水泵转速，从而达到控制管网中水压恒定的目的。以如图 6-21 所示的一用一备变频器恒压供水系统为例，说明变频器在泵类的应用。

一用一备变频器恒压供水系统就是一台水泵供水、另一台水泵备用，当供水泵出现故障或需要定期检修时，备用泵马上投入不使供水中断。两台水泵均为变频器驱动，并且当变频器出现故障时，可自动实现变频/工频切换。图中 M_1 为主泵电动机；M_2 为备用电动机；

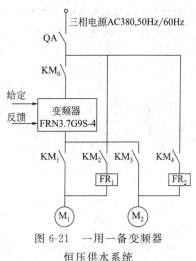

图 6-21 一用一备变频器恒压供水系统

QA 为低压断路器；KM_0、KM_1、KM_2、KM_3、KM_4 为接触器；FR_1、FR_2 为热继电器。

在控制电路中可以完成如下基本功能。

① 实现主泵电动机和备用泵电动机的自动切换；

② 给定压力信号与反馈信号相比较后，控制变频器的输出频率与电压，实现水泵电机的变频调速；

③ 具有完善的保护功能，如电动机的过电流、过电压、过载、欠压以及无水自动停机等保护。

小 结

本章主要学习了脉宽控制变频电路的工作原理，在逆变电路中常采用全控型器件与快速二极管反并联，构成逆变桥臂，对功率开关器件进行脉宽调制控制，使输出电压的波形接近于正弦波，满足负载的要求。正弦脉宽调制控制可以方便地通过控制正弦脉宽调制信号的幅值和频率，实现对输出电压幅值和频率的控制。

三相变频电路的结构形式有多种，SPWM 控制形式得到了广泛的应用，专用 SPWM 大规模单片集成电路的出现使 SPWM 控制简单化，变频器得到了飞速发展。变频器使三相异步电动机调速系统的性能更加优越、节能和实用，保证电机在基频以下时，进行调压调频调速（VVVF）；在基频以上时，进行恒压调频调速。

思考题与习题

1.单相变频电路的结构形式有哪些？其工作原理如何？

2.如何实现 SPWM 控制？

3.举例说明 SG3524 的应用。

4.简述三相逆变器的结构与工作电压。

5.如何实现三相逆变器输出电压与频率的控制？

6.如图 6-9 所示，当负载接成△形时，画出 120°通电型、180°通电型的输出电压波形。并与 丫 形负载进行比较。

7.简述三相异步电动机变频调速的工作原理。

8.简述三相异步电动机"VVVF"调速控制的含义。

第七章　电源变换技术

　　电源变换技术是指应用功率电子变换技术，将一种直流或交流电源变换成另一种或其他规格大小的电源技术，这种经变换的电源，将更好地适用于各种用电设备的不同要求，同时获得良好的节能效果，目前经过这种功率电子技术处理的电能可达到95％，其技术的核心为功率电子变换技术。功率等级从几十瓦，发展到几百千瓦，应用涉及计算机、通讯、工业自动化、电子或电工仪器和家用电器等，几乎包括科学技术的各个领域和社会生活的各个方面。本章主要介绍开关电源、不停电电源（UPS电源）及加热电源等实用电力电子应用技术。

第一节　开关电源

一、概述

　　20世纪70年代中期以来，无工频变压器开关电源技术风靡于欧、美、日等世界各国，最初的开关电源中变换器的开关工作频率为20Hz。随着电力电子技术的发展，推出了一系列的开关电源变换形式，从脉宽调制技术到谐振技术，近几年来又出现了相移脉宽调制零电压谐振转换技术，这种PWM控制技术加上零电压、零电流转换的软开关技术是当今电源技术发展的新潮流。主要应用中、高工作频率的功率器件IGBT、功率MOSFET等，使电源的工作频率可达到100～500kHz，乃至MHz量级，同时提高了开关电源的效率，降低了电磁干扰（EMI）。

　　开关电源的基本结构如图7-1所示，整机电路可分为主电路和控制电路两部分，主电路由交流输入EMI防电磁干扰电源滤波器、二极管整流与电容滤波、DC/DC功率变换器三个环节组成，控制电路的作用是保证主电路正常工作，同时也起到对主电路的保护作用。

　　DC/DC变换器是开关电源中最主要的电子功率变换环节，它有两种基本类型即脉宽调制型和谐振型。脉宽调制型用控制脉冲占空比、间断工作来产生所需的脉冲电压和电流。谐

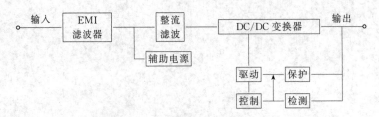

图 7-1　开关电源基本结构

振型有零电流谐振式和零电压谐振式，电流谐振式就是开关导通时，电流波形呈正弦波状，导通时间快结束时，电流减为零，因而可使通/断时的开关损耗降为零。同时也会减少浪涌电流，这种方式叫做零电流开关方式。电压谐振式就是通过开关在断开时间里使其上的电压呈正弦波状，在下一次断开时间之前使其电压降为零，从而减少开关损耗和降低浪涌电压，这种方式叫做零电压开关方式。谐振技术以正弦形式处理功率开关管，使开关管在零电流下换流或者在零电压下换向，降低了开关的转换损耗。

二、脉宽调制型开关电源

（一）主电路 DC/DC 变换器的基本结构与工作原理

1. Buck 变换器

如图 7-2(a) 所示为 Buck 型串联开关变换器，VT 为功率开关调节元件、L 为滤波电感、C 为电容、VD 为续流二极管、R_L 为负载。其工作原理为 VT 受 PWM 信号的控制，VT 导通时，电源经过 VT、L 直接向负载供电，同时电容被充电，当 VT 截止时，储能的电感 L、电容 C 向负载供电，即为降压型变换器。

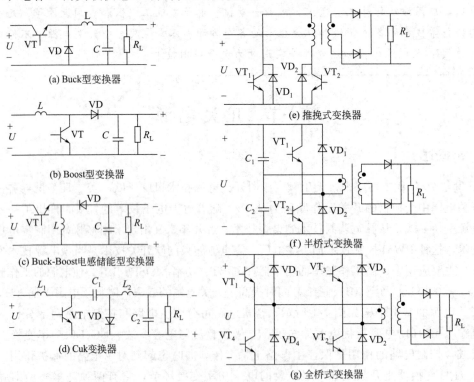

(a) Buck 型变换器

(b) Boost 型变换器

(c) Buck-Boost 电感储能型变换器

(d) Cuk 变换器

(e) 推挽式变换器

(f) 半桥式变换器

(g) 全桥式变换器

图 7-2　DC/DC 变换器的基本结构

2. Boost 型变换器

如图 7-2(b) 所示为 Boost 型并联开关变换器,也称为升压型变换器。当 VT 导通时,电感 L 储能,负载由电容供电,当 VT 截止时,电感 L 上的能量经过 VD 向负载供电,同时对电容充电。

3. Buck-Boost 型变换器

如图 7-2(c) 为 Buck-Boost 电感储能型变换器,又称为极性反转型变换器。其工作原理与 Boost 型变换器基本相同,只是输出电压的极性相反。

4. Cuk 变换器

如图 7-2(d) 所示为 Cuk 变换器,当 VT 导通时,电感 L_1 储能,C_1 经 VT、C_2、R_L、L_2 向负载释放电能,并使 L_2、C_2 储能,当 VT 截止时,L_1 经 VD、电源对 C_1 充电,负载由 L_2、C_2 供电。

5. 推挽变换器、半桥变换器、全桥变换器

分别如图 7-2(e)、(f)、(g) 所示,将直流电逆变为交流电后进行整流变为直流电。

(二) 脉宽调制型开关电源应用举例

如图 7-3 所示电路为 FA5310/FA5311 控制的 PWM 开关电源。

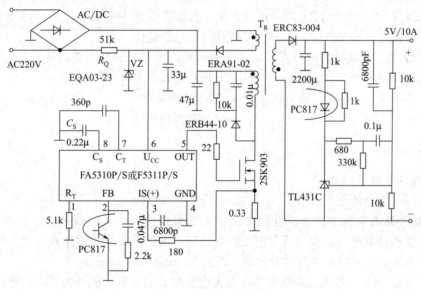

图 7-3 开关电源实例

1. FA5310/FA5311 的端子功能与特点

FA5310/FA5311 是日本富士电机公司的产品,具有过流、过压等多种保护功能,外接电路简单,其端子功能如表 7-1 所示。

表 7-1 FA5310/FA5311 的端子功能

端子	符 号	功 能	端子	符 号	功 能
1	R_T	振荡时基电阻	5	OUT	驱动输出
2	FB	反馈端	6	U_{CC}	电源
3	IS(+)	过电流检测(+)	7	C_T	振荡时基电容
4	GND	接地	8	C_S	软启动和 ON/OFF 控制

2. 工作原理

振荡电路:外接时基电阻 R_T、电容 C_T 进行振荡产生三角波,振荡幅度为 $1.0 \sim 3.0$ V

之间，为内部电路提供时序。

软启动功能：当电源接通后，C_S 端外接电容被充电，随电位升高，OUT 输出端的脉冲宽度也缓慢变宽，使 PWM 的占空比增加，输出电压升高。

过载关断功能：当输出电压由于过载或短路而下降经 PC817 反馈使 FB 端电压上升，当高于 2.8V 时，内部电路动作，使 C_S 端电压升高（正常时 3.6V）、PWM 占空比增加，提高输出电压，当 C_S 端电压达到 7.0V 时，IC 进入保护锁定状态并关断输出。只有当电源电压降至 8.7V 以下或 C_S 端电压强制降到 7.0V 以下时，可以重新启动电路。

输出 ON/OFF 控制：如果在电容 C_S 旁并联一个三极管，并通过控制三极管的导通和截止来控制 C_S 端电压，即可控制 IC 的导通或关断。如果三极管导通，C_S 端电压降至 0.42V 以下，使 IC 输出关断，IC 给 MOSFET 栅极放电，如果三极管截止，C_S 又开始充电，IC 开始软启动，电路又重新开始工作。

过流限制电路：通过检测主开关 MOSFET 漏极电流的逐个脉冲的峰值来限制过流。检测的阈值电压是 +0.24V。在 IS 端和 MOSFET 之间接一个 RC 滤波器，用于防止过流限制因噪声而产生误动作。

欠压锁定电路：在电源下降时，IC 中的欠压锁定电路能阻止 IC 误动作。当电源电压从 0V 开始上升，IC 在 $U_{CC}=16.0V$ 时开始工作。当电源电压下降到 $U_{CC}=8.7V$ 时，IC 关断输出，当欠压锁定电路工作时，C_S 端电压变低，使 IC 复位。

输出电路：IC 的推挽输出可直接驱动 MOSFET，OUT 端的电流可达 1.5A。在欠压锁定电路工作时，如果 IC 停止工作，MOSFET 栅压降低，MOSFET 被关断。

电路中电阻 R_Q 与稳压二极管 VZ 构成了 IC 的供电电路，R_Q 为启动电阻，高频变压器的反馈绕组正常工作时经整流为 IC 供电，确保 IC 供电电源正常。

三、谐振型开关电源

（一）谐振变换器
1.零电压、零电流谐振开关

LC 谐振回路与半导体开关组合的开关称为谐振开关（Resonant Switch），用谐振开关代替 PWM 变换器的开关，就构成了谐振式变换器，谐振开关分为零电压开关（ZVS，Zero Voltage Switching）和零电流开关（ZCS，Zero Current Switching）。

如图 7-4(a) 所示为零电压谐振开关，谐振电容与开关并联，使开关两端的电压波形呈正弦波，为使电容中蓄积的电荷不致使开关接通时产生损耗，开关应在零电压时通/断。对于全

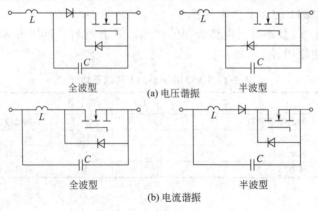

图 7-4　谐振开关

波电路，反向电流因与开关串联的二极管的作用而受阻，也会发生反向谐振电压。对于半波形电路，二极管与开关并联，阻止了开关的反向电流，开关两端不会发生反向谐振电压。

如图 7-4(b) 所示为零电流谐振开关，谐振电感与开关串联。对于全波电路，反向电流会经过与开关并联的二极管流通。对于半波形电路，由于串联了二极管，阻止开关反向电流的流通。

2.谐振变换器的工作原理

如图 7-5 所示电路为半桥式零电流谐振变换器的控制原理图，简述其工作原理。L、C 构成串联谐振电路，它的谐振频率为

$$f = \frac{1}{2}\pi\sqrt{LC}$$

功率开关器件 VT_1、VT_2 为谐振电路提供激励电流，保证谐振电路进入稳态运行，与之并联的二极管 VD_1、VD_2 在 VT_1、VT_2 截止时起续流作用，电容 C_1、C_2 为均压电容，每个电容上的电压为电源电压的一半。电流互感器 CT 用来检测谐振电流，在电流过零点将功率开关开通即实现零电流导通，控制变压器 T_X 的次级感应的电压用于控制开关器件 VT_1、VT_2 的控制脉冲的宽度。与谐振电容并联的变压器为谐振电路的能量输出端。

如图 7-6 所示，当 $t=t_0$ 时，控制脉冲使 VT_2 导通，由于电容 C_2 两端的电压不能突变，电容 C_2 经过电感 L、电容 C 和 VT_2 放电，由于开关的导通压降很小，则 0.5 倍的直流电源电压会被立即加在 LC 谐振电路上，使谐振电路的电流从零逐渐上升到峰值电流，其波形接近于正弦波。当 $t=t_1$ 时，控制变压器检测到谐振电流开始减小，控制电路撤除控制脉冲使 VT_2 关断，而谐振电流仍维持原来的方向不变，谐振电流经过 VD_1，对电容 C_1 充电，形成了经 $L{\rightarrow}C{\rightarrow}VD_1{\rightarrow}C_1$ 的电流通路，由于 VD_2 导通压降很小，使 VT_1 上的电压近似为零，谐振电流也近似为正弦波并逐渐减小。当 $t=t_2$ 时，电流互感器检测到谐振电流从零向负方向变化的反极性控制信号瞬间，上桥臂驱动电路发出控制信号使 VT_1 导通，电容 C_1 对谐振电路放电，形成负半波电流，依次类推，在 LC 上形成正弦波的谐振电流。

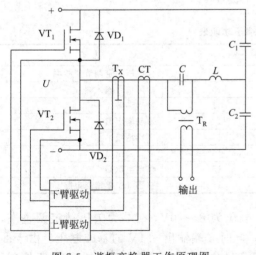

图 7-5　谐振变换器工作原理图

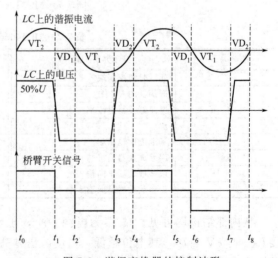

图 7-6　谐振变换器的控制波形

显然，开关器件的导通是发生在谐振电流的过零点上，进行零电流切换，使开关的瞬态开关损耗为零，同时为续流二极管从导通进入截止状态创造了零电压、零电流的条件。

（二）谐振型开关电源实例

如图 7-7 为专用谐振控制芯片 MC34066 的内部结构，其端子功能如表 7-2 所示。图 7-8

为 MC34066 用于控制半桥准谐振式开关电源的应用电路，利用功率 MOSFET 的结间电容 C 与主变压器初级电感 L 构成谐振回路，当一只开关管关断时，由于其漏源结间电容的存在，可以认为两端瞬时电压为零，属零电压关断。LC 谐振时，当电容反向充电至峰值，回路电流为零时，另一开关导通，此时属于零电流导通。可见只要固定两只开关导通间歇时间（死区），并调整到谐振频率，就能获得理想的准谐振工作模式，使开关损耗为零。

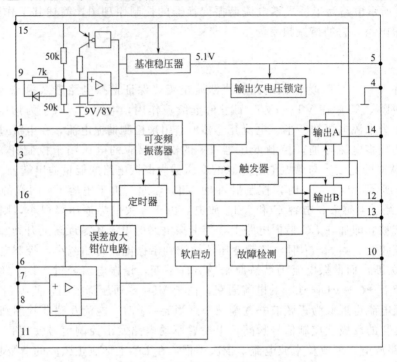

图 7-7　MC34066 内部原理图

表 7-2　MC34066 端子功能表

端　子	功　　能	端　子	功　　能
1	死区时间控制端	9	欠电压锁定调节使能端
2	振荡器的 RC 端	10	故障信号输入端
3	振荡器控制电流端	11	软启动端
4	地	12	驱动输出 B
5	基准电压输出端	13	驱动地
6	误差放大器输出端	14	驱动输出 A
7	误差放大器正向输入端	15	供电电源端
8	误差放大器反向输入端	16	振荡器中单稳态电路

从内部结构图可见，15 端为电源 U_{CC}，工作电压为 $8\sim20\mathrm{V}$，9 端为欠压锁定调整端，接 U_{CC} 时 8V 启动，其电位越低，启动电压越高，同时 5 端输出 5.1V 的基准电压。由于准谐振要求固定的死区，需调节频率，因此振荡器的结构较特殊，频率受误差放大器控制。R_{osc}、C_{osc} 振荡输入的频率要受误差放大器的输出 3 端控制，即通过 EA，负载上电压的变化产生误差信号控制了开关频率。其最高工作频率可达到 2MHz。11 端为软启动控制端，一般外接 $0.02\mu F$ 的电容。10 端为故障输入端，电压超过 1V，输出即封锁，作过压、短路保护用。12、14 端为两路脉冲输出，内部采用图腾柱推挽输出，最大电流可达 1.5A，适合驱动功率 MOSFET 和 IGBT。

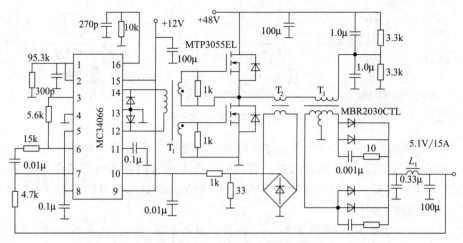

图 7-8　75W 准谐振式开关电源实例

谐振型开关电源要正常工作主回路的参数极为重要，一般认为变压器的初级电感为漏感，谐振电容为两开关结间电容之和。该电源总效率为 84%，开关管不需加散热器，电压纹波仅为 24mV。

目前，具有谐振软开关和 PWM 控制特点的相移全桥零电压 PWM 变换器得到了广泛应用，由于功率开关器件实现了零电压开关，从而减小了开关损耗，提高了电源系统的稳定性。在以上研究的基础上，各种新型的零电压、零电流拓扑结构，改善了器件的运行状态，通过仿真分析和试验研究，实现了变换器的零压零流开关特性，并已成功用于通信开关电源。

第二节　不间断电源

一、概述

不间断电源（Uninterruptible Power System）简称 UPS，是集电力电子技术、控制技术于一体，并向用户提供高质量的稳压、稳频、无任何干扰存在和波形失真度极小的"全天候"高质量正弦波电源。

（一）UPS 电源的分类

UPS 电源的种类繁多，按输出功率可分为小功率（小于 10kV·A）、中功率（10～100kV·A）和大功率（100kV·A 以上）。按输入输出方式可分为单相输入输出、三相输入输出以及三相输入单相输出。按工作方式可分为动态式和静态式。静态式又可分为：在线式、在线互动式及后备式。

1. 在线式 UPS 电源

在线式 UPS 电源原理如框图 7-9（a）所示，市电经整流为直流电后，再经逆变器输出，可将电网中的干扰、畸变波完全去除，供给用户高质量的正弦波电源。当市电故障时，整流停止，储存在蓄电池中的电能经逆变器供给负载，做到无供电瞬断现象。当逆变器故障时，可切换至市电供电。

2. 在线互动式 UPS 电源

在线互动式 UPS 电源原理框图如图 7-9（b）所示，当市电正常时（波动范围介于 150～

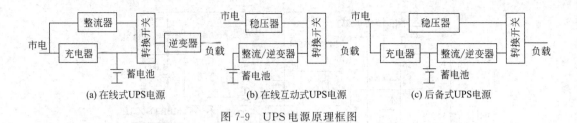

(a) 在线式UPS电源　　　　(b) 在线互动式UPS电源　　　　(c) 后备式UPS电源

图 7-9　UPS 电源原理框图

264V)，市电经交流稳压器供给负载，这一路是稳压精度很差的市电电源。此时整流/逆变器工作在整流状态，对蓄电池进行充电。当市电供电不正常时，市电支路停止供电，整流/逆变器工作在逆变状态，电池的直流电能经逆变后向负载输送高质量的正弦波电源。

3. 后备式 UPS 电源

后备式 UPS 电源原理框图如图 7-9(c) 所示，当市电正常时，逆变器并不工作，市电稍经处理便供给负载，只在市电异常时，逆变器才启动，向负载输出经逆变的正弦波或方波电源。后备式 UPS 电源的应用受到了极大的限制，日趋淘汰，但由于价格低廉，仍然占领一部分市场。

（二）UPS 电源的性能指标

UPS 电源有十多项性能指标，这里只介绍一些主要的性能指标。

1. 容量

容量用 kV·A 表示，就是电流与电压的乘积，即为 UPS 电源的视在功率，容量的选定由负载决定。

2. 输入、输出电压

目前 UPS 电源的输入电压为单相 220V、三相 380V，并允许电压波动 ±10%。一般单相 UPS 电源当输入电压低于 176V 或高于 253V 时，就投入逆变工作状态。

输出电压根据负载选定，一般有输出为三相 220V、380V 和单相 220V，且输出电压的稳定度一般为 ±3%，输出正弦波频率精度为 ±1%。

3. 输入、输出电流

输入、输出电流是选用 UPS 电源的重要指标，输入电流的大小和波形反映 UPS 电源效率和功率因数。输出电流直接反映 UPS 逆变器的输出能力。

4. 过载能力

在无故障情况下，UPS 允许有瞬间的过载现象发生，一般允许：125% 过载维持 10min，超过 UPS 电源的允许范围时，必须能进入保护状态，停止逆变器的工作。当输出瞬间短路时，逆变器应立即停止工作。在选择 UPS 的过载能力时，最好选负载在 212% 以上，而输出电压仍维持在稳压范围内，持续时间在 10ms 以上的。

5. 蓄电池维持时间

蓄电池满容量（浮充电 18h 以上）时放电，所能维持 UPS 工作的时间一般在负载为 100% 时，不小于 10min，负载在 50% 时不小于 25min。

UPS 电源除上述指标外还有：功率因数、环境条件、噪声、整机效率和辐射干扰等性能指标。

（三）发展方向

随着电力电子技术与微机控制技术的不断进步，UPS 电源必将朝着高可靠性、小型化和智能化的方向发展。

1. 高可靠"冗余式" UPS 供电系统

尽管中小型 UPS 平均无故障工作时间 MTBF 已经达到了 5 万～14 万小时，大型 UPS 可达到 24 万小时以上，但仍不能满足重要用户的需要。为此，采用具有容错功能的冗余配置方案，当某台 UPS 在供电过程中出现故障时，可以将其隔离进行检修，同时整个 UPS 电源系统继续对用户供电。这类方案需要解决多台 UPS 电源的工作同步（同频、同相、同幅）问题。

2. UPS 电源的智能化

"智能化"即是指能在 UPS 和计算机网络之间建立双向通信调控功能，以实现计算机网络对 UPS 电源的监测和控制。UPS 可以利用通信接口（如 RS232、DB9、RS485）向计算机网络传送"市电故障，电池供电"，"电池电压偏低"等报警信号，并在电池过放电时响应，计算机网络发出的"关闭操作系统"命令，有序地执行"保存数据"、"关闭操作系统"等操作。

二、UPS 电源设备中的主要电路

（一）整流电路

不同型号的 UPS 电源应用的整流电路的形式也各不相同，除采用二极管整流、前面介绍过的晶闸管相控整流电路外，还有一些特殊形式的整流电路。

1. 倍压整流电路

如图 7-10(a) 所示电路为单相倍压基本整流电路，电路中的电容为电解电容也可为无极性电容。当变压器的次级电压为 U_2 时，倍压整流器的输出电压为

$$U = n \times \sqrt{2} U_2$$

式中　n——倍压电路的级数。级数越多，输出电流越小。

如图 7-10（b）所示为 TOSNIC-μ1100UPS 的倍压整流电路，整流后的输出电压为 340V。

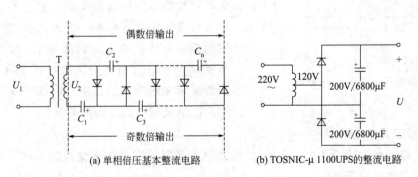

(a) 单相倍压基本整流电路　　　　(b) TOSNIC-μ 1100UPS的整流电路

图 7-10　单相倍压整流电路

2. 特殊形式的晶闸管相控整流电路

如图 7-11 所示电路，将电网电压经过一个三相变压器加到两个三相全控桥整流器上。该变压器的初级接为"△"，而次级有两个绕组，分别接成"丫"形和"△"形，每个绕组接在各自的三相桥式全控整流器的桥臂上，其输出如并联图（a）或串联图（b）。其电路的特点为：减少谐波电流对电路的影响，其工作原理与三相全控桥式整流电路基本相同。

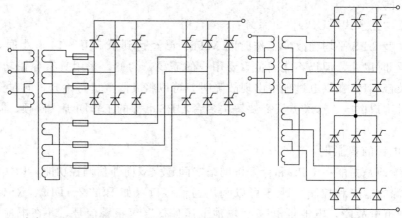

(a) 富士CVCF-500-175,250kV·A的整流器-充电器电路　　(b) 12脉波串联桥式相控整流电路

图 7-11　特殊结构的三相相控整流电路

（二）逆变电路

逆变电路是 UPS 电源的核心，对 UPS 的主要性能指标有决定性的影响。其主要作用为：将直流电源（电池）变换为 220V/380V、50Hz 的交流电供负载使用。目前最多的是采用全控型功率器件完成逆变，使输出的电压波形尽可能为可以自动稳压的正弦波。除了广泛地采用 SPWM 技术外，多重叠加法也被应用于大、中容量的逆变器。

所谓多重叠加法就是由 N 个输出电压方波的单相逆变器的输出波形，依次移开一个相

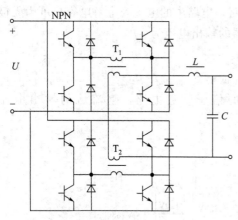

图 7-12　两个单相逆变桥叠加

同的相位角（π/N），然后通过它们各自的输出变压器次级绕组进行串联叠加，得到阶梯波输出，这种改善输出波形的方法属于脉幅调制法（PAM）。

多重叠加法有用于单相逆变器的，但更多是应用于三相逆变器。如图 7-12 所示为两个单相逆变器在其输出变压器的次级，实行串联连接的单相多重叠加法逆变电路。要求两个逆变器采用相同的控制方式，输出相同的 50Hz 频率，但初相角要相差一定的角度。当相差 π/3 时，可消除 3 次谐波和 3 的奇次倍谐波；当相差 π/5 时，可消除 5 次谐波和 5 的奇次倍谐波。

（三）静态开关电路

静态电路又称为转换开关，在 UPS 电源中主要完成市电与逆变器输出的不间断切换功能。切换时应满足以下条件。

① 市电与逆变器输出频率必须相同，一般允许误差≤±2%。

② 市电与逆变器输出电压幅度相差不多≤±10%。

③ 市电与逆变器输出电压的相位差必须在 7.2° 以内，即误差不超过 400μs。

显然，采用继电器执行上述操作时，会出现 2～4ms 的供电时间中断，不能满足要求。利用双向晶闸管开关电路构成的静态开关，与继电器的触点相并联，双向晶闸管约在 100μs 内完成切换，而后触点再动作，将双向晶闸管短接，既满足切换时间的要求又保证供电的可靠性。

三、UPS 电源实例分析

下面以山特（Santak UPS-1000）带输出变压器的在线式（On Line）UPS 电源为例介绍其电路和工作原理。

（一）Santak UPS-1000 的电路结构

带输出变压器的 Santak UPS-1000 在线式 UPS 电源的控制框图如图 7-13 所示。

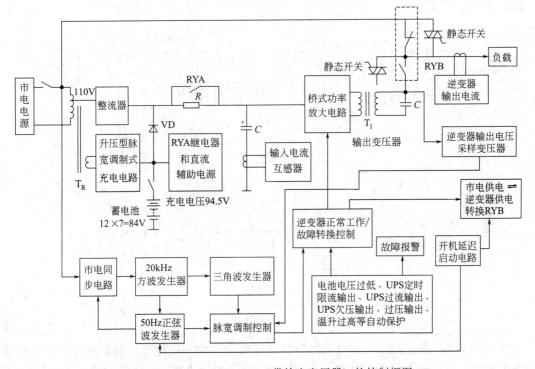

图 7-13　Santak UPS-1000（带输出变压器）的控制框图

当 220V 市电经输入开关被送到输入变压器 T_R 之后，市电电源分下面三路去控制后极电路的运行。

① 直接经交流旁路供电通道，再经输出继电器 RYB 的常闭触点向负载供电。

② 经 T_R 变压器的 40V 降压输出绕组向升压型的脉宽调制电路所构成的充电器供电，并由该充电器向标称值为 84V 的蓄电池组充电。该蓄电池组是由 7 块 12V/6.5A·h 的密封式免维护电池串联组成。充电器的标称充电电压为 94.5V。

③ 从 T_R 变压器中的自耦式变压器的 110V 抽头处向桥式全波整流器提供 110V 的交流电源，从整流器输出的全波整流脉动电源经降压电阻 R 向滤波电容 C（1000 μF/250V 电解电容）充电，实现了对整流滤波电路的启动限流控制。

按本机的设计方案，当用户在按位于前面板上的逆变器"ON"开关按钮后，就能使 RYA 继电器处于闭合状态。一旦 RYA 闭合，就能利用 RYA 的常开触点将启动限流电阻 R 短路。此后，整流滤波电路，就能在毫不衰减的前提下向逆变器的桥式功率放大电路提供直流电源。当市电供电正常时，从整流滤波器输出的直流电源的幅值为 128V 左右。此时位于整流滤波器输出端与蓄电池组之间的二极管 VD 处于反向偏置状态。当市电供电不正常或市电完全中断时，由于整流输出电压的消失，改由蓄电池组经二极管 VD 向逆变器的桥式功率放大电路提供直流电源。此外，蓄电池组还经机内的 DC/DC 变换器形成 UPS 电源中的控制电路所需的 12V 直流辅助电源。在直流辅助电源的作用下，这台 UPS 电源的逻辑控制电路就可以开始正常的运作了。

（二）Santak UPS-1000 的电池充电器

如图 7-14 所示 Santak UPS-1000 电源的充电器与被大量应用于便携式电脑的开关电源供电系统相同，采用电流型脉宽调制组件 UC3845 和升压型直流变换电路（Boost 型）来实现。

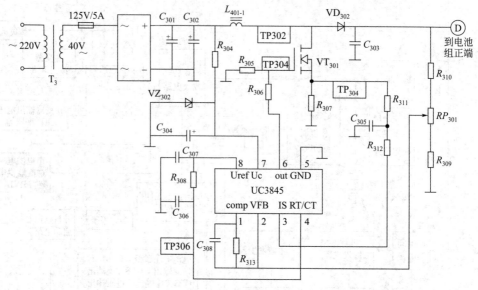

图 7-14　电池充电器

220V 的市电电源经 T_R 变压器的降压绕组得到 40V 的交流电源，经全波整流滤波电路，被变成幅度为 55V 左右的直流电源，分别供给：①经储能电感 L_{401-1} 送给功率 MOSFET 管 VT_{301} 的漏极 D，源极经取样电阻 R_{307}（0.5Ω/1W）接地。②经由 R_{304}，12V 稳压二极管 VZ_{302} 和电容 C_{304} 构成 12V 稳压电源电路，供给 UC3845 组件的电源输入端 7 端。

UC3845 脉宽调制组件的端子功能为：1 端为补偿端（COMP），2 端为反馈电压输入端（VFB），3 端为电流检测信号输入端（Isense），4 端为准锯齿波振荡端（RT/CT），5 端为接地端（GND），6 端为调制脉冲输出端（output），7 端为直流辅助电源输入端（Uc），8 端为 5V 基准电压输出端。UC3845 的外部控制特性如下。

① UC3845 组件具有输入直流辅助电源欠压保护功能。当用户在刚启动 UC3845 时，要求输入直流辅助电源的电压至少应大于 8.4V。当其进入运行状态时，一旦发生直流辅助电源的电压低于 7.6V 时，UC3845 将自动进入关机状态。

② UC3845 的 6 端输出调制脉冲的宽度同时受控于 2 端的输出电压反馈信号和 3 端的输出电流反馈信号。其变化的规律为：当送到 2 端反馈电压信号的幅度越高，则允许出现在 3 端上的锯齿波脉冲持续上升的时间则越短；反之，当送到 2 端反馈电压信号的幅度越低，则允许出现在 3 端上的锯齿波脉冲持续上升的时间则越长。同时，2 端电压越高，6 端输出的调制脉冲的宽度则越窄，直流开关电源的输出电压幅度越低；3 端上的锯齿波的持续时间越长，6 端输出的调制脉冲的宽度则越窄，直流开关电源的输出电压幅度越低，输出电流越小。1 端是 2 端控制信号经反向放大处理后的信号，所以 1 端控制信号的幅度越高，6 端输

出的调制脉冲的宽度则越宽，直流开关电源的输出电压幅度越高。从某种意义上讲，UC3845 组件具有恒功率输出特性。

当 UC3845 组件 7 端加入 12V 辅助直流电源后，经 8 端输出 5V 基准电源。该 5V 电源经振荡电阻 R_{308}、振荡电容 C_{306} 而同 4 端相连，在 4 端上得到幅度在 1～2.7V 之间变化、振荡周期为 16μs 的准锯齿波，使 6 端输出幅值为 12V、周期为 32μs 的脉宽调制信号，经 R_{305}、R_{306} 加在功率 MOSFET 的栅极上，则由储能电感 L_{401-1}、功率 MOSFET 管 VT_{301}、整流二极管 VD_{302} 和滤波电容 C_{303} 所组成的"升压型"直流电源输出 94.5V 电压，满足对标称值为 84V 的充电要求。位于充电器输出端的电阻 R_{310}、电位器 RP_{301} 和 R_{309} 组成输出电压采样电路，将一个幅值为 2.5V 的反馈电压送到 UC3845 的反馈电压输入端 2 端。

该充电器具有先恒流后恒压的充电特性，以满足电池组的稳定浮充电要求。当由于某种原因输出电压升高时，UC3845 的 2 端电压也随之升高，根据 UC3845 的控制特性，将使 UC3845 的 6 端所输出的调制脉冲的宽度变窄，从而使充电器的输出电压的幅值下降，实现自动稳压的功能。串联在功率 MOSFET 源极的电流取样电阻 R_{307} 以及由 R_{311}、R_{312}、C_{305} 组成的具有小滤波常数的积分电路构成了充电器电源的电流采样电路，加到 UC3845 的 3 端，由于功率 MOSFET 的漏源极的电流是电感性电流，所以 R_{307} 和 3 端的电压为锯齿波，如果充电电流过大，则在 3 端上得到被展宽的锯齿波，6 端输出的调制脉冲的宽度则越窄，直流开关电源的输出电压幅度越低，输出电流减小，实现对充电器的恒流充电。

（三）Santak UPS-1000 的桥式输出逆变电路

UPS-1000 Santak UPS-1000 的桥式输出逆变电路如图 7-15 所示。从图中可见，高压直流总线电源分别经 J201 和 J204 被送到由 VT_A、VT_B、VT_C 和 VT_D 四组功率 MOSFET 管所组成的典型的桥式逆变电路。当 220V 市电供电正常时，经整流滤波器送来的是幅值约为 126V 的直流高压，当市电供电中断时，从蓄电池组送来的是幅值约为 84V 的直流高压，与此同时，从正弦脉宽调制级送来的四路调制脉冲 V_4、V_6、V_8 和 V_{10} 被分别送到 VT_A、VT_B、VT_C 和 VT_D 四组功率 MOSFET 管的栅极驱动电路上。为确保桥式逆变电路安全可靠地运行，对上述四路脉宽调制驱动信号的要求如下：

① V_4 和 V_6 的相位相差 180°，V_8 和 V_{10} 的相位相差 180°。

② V_4 和 V_6 的相位相同，V_8 和 V_6 的相位相同。

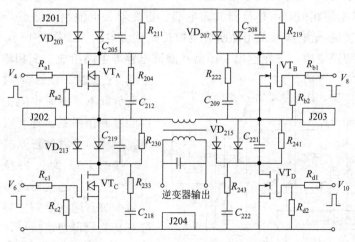

图 7-15 Santak UPS-1000 的逆变器桥式驱动控制原理

③ V_4 和 V_8 的脉宽调制信号的地分别为 J202 和 J203，而 J202 和 J203 分别连接在逆变器输出变压器的两端。所以，为让桥式逆变电路能可靠地运行，必须单独为产生 V_4 和 V_8 控制信号的电路设置各自独立的地绝缘直流辅助电源供电系统。对于 V_6 和 V_{10} 脉宽调制脉冲而言，它们共用一个地 J204。

在上述四路脉宽调制脉冲的作用下，逆变器驱动电路的工作原理可简述如下：当 V_4 和 V_{10} 处于高电平状态，V_6 和 V_8 处于低电平状态时，由于位于桥式驱动电路中的功率 MOSFET 管 VT_A 和 VT_D 处于导通状态，而功率 MOSFET 管 VT_B 和 VT_C 处于截止状态，直流高压电源经二极管 VD_{203}、功率 MOSFET 管 VT_A、逆变器输出变压器、VD_{215}、功率 MOSFET 管 VT_D 形成电流通路；相反，当 V_4 和 V_{10} 驱动脉冲处于低电平，而 V_8 和 V_6 驱动脉冲处于高电平时，形成直流高电压电源、二极管 VD_{207}、功率 MOSFET 管 VT_B、逆变器输出变压器、二极管 VD_{213}、功率 MOSFET 管 VT_C 的电流通路。逆变器输出变压器在上述交变电源的作用下，就会在其副边绕组中得到类似于驱动调制脉冲，但频率加倍的交变电源。逆变器输出滤波器是利用跨接在逆变器输出变压器副边绕组上的滤波电容和逆变器输出变压器的漏电感共同组成的，使用户在逆变器输出变压器的副边绕组上直接得到输出波形非常标准的 50Hz 的正弦波电源。

分别跨接在功率 MOSFET 管 VT_A、VT_B、VT_C 和 VT_D 的漏极（D）和源极（S）间的由 C_{212} 和 R_{204}、C_{209} 和 R_{222}、C_{218} 和 R_{233}、C_{222} 和 R_{243} 组成的四条阻容防振衰减电路，以及分别连接在各个功率 MOSFET 管的漏极（D）与电源输入端的由 VD_{203}、C_{205} 和 R_{211}、VD_{207}、C_{208} 和 R_{219}、VD_{213}、C_{219} 和 R_{230}、VD_{215}、C_{221} 和 R_{241} 所组成的消振电路都是为了防止由于跨接在桥式驱动电路中的逆变器输出变压器（它本身是一个大电感负载）可能产生的"反冲"尖峰脉冲电压过高，防止损坏功率 MOSFET 管而设置的防振衰减电路。在实际的桥式逆变电路中，为增大 UPS 的输出功率，其功率 MOSFET 管 VT_A、VT_B、VT_C 和 VT_D 都是分别由两只 IRFP250 型的功率 MOSFET 管并联组成的。

Santak UPS-1000 除上述介绍的主要功率变换电路外，还有市电与逆变电源供电的切换电路、直流辅助电源电路、各种保护电路、功率驱动与控制电路等。

四、三相 UPS 电源

三相中大功率 UPS 电源的功率范围在 $10 \sim 250kV \cdot A$，并联后可达到几个兆伏安，其结构与单相 UPS 电源相似，由整流器、充电器、逆变器、电池组、静态开关和维修旁路开关等电路组成，整流-充电器可采用晶闸管全控桥式整流电路。如图 7-16 所示为三相逆变器的主电路，由三相逆变桥、三相输出变压器及滤波电容等电路组成。三相输出变压器一般采用 △/丫 接法，次级丫接允许有中线，以保证负载不平衡时也能正常工作。次级所接电容的作用主要是衰减高次谐波，使输出波形成为平滑的正弦波。

如图 7-17 为三相静态开关主电路，当发生过载、逆变器故障或给出关断逆变器指令时，逆变器则立即停止输出，同时静态开关获得切换信号，六只晶闸管按顺序导通，使负载由市电供电。

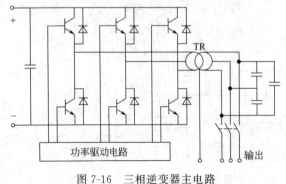

图 7-16　三相逆变器主电路

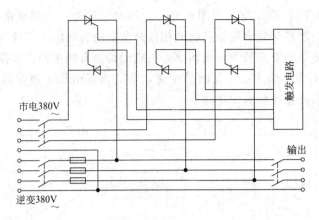

图 7-17 三相静态开关主电路

第三节 加热电源

一、感应加热电源

感应加热是一种常见的加热方式，广泛应用于金属冶炼、工件透热、淬火、焊接等工艺，也是电力电子技术的一个重要应用领域。感应加热电源分为中频电源、高频电源和超音频电源，一般对频率为 10kHz 以下的电源称为中频电源，10kHz 以上的称为高频电源，其中 20kHz 以上的则称为超音频电源，频率变化的电源将能量通过磁感应传递给工件，增加感应线圈中的电流或提高电流的变化频率均可以加快加热速度和提高温度。

（一）晶闸管中频电源

如图 7-18 所示为中频电源的主电路。通过三相全控桥式整流电路，将三相交流电整流为大小可调的直流电，经电抗 L_d 滤波后供给单相并联（或串联）逆变器电路，与负载构成谐振式变换器，得到频率为 1000Hz、强度为 2000A 的谐振电流，用于金属熔炼。电路中由于工作频率较高普通晶闸管无法完成，必须采用 KK 型快速晶闸管。其逆变电路的工作原理为：当 VT_1、VT_2 导通时，负载电流如图 7-19(a) 虚线所示，同时在电容 C 上的电压极性为左正右负；然后触发 VT_3、VT_4 使之导通，电容经过 VT_1、VT_3 放电，使 VT_1 承受反压而关断，经过 VT_4、VT_2 放电，使 VT_2 承受反压关断如图 7-19(b) 所示；换流结束后，

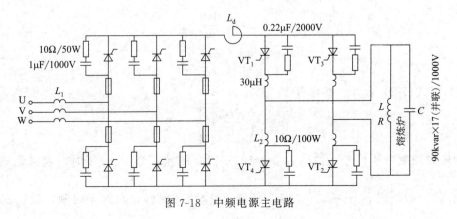

图 7-18 中频电源主电路

VT_1、VT_2 截止，VT_3、VT_4 导通如图 7-19(c) 所示。注意：为保证晶闸管可靠地关断和逆变器正常工作，应使逆变输出电压电流的相位差所对应的时间大于换流时间与晶闸管关断时间之和，同时桥路晶闸管交替触发的频率受负载回路固有频率的自激控制。显然，并联在负载两端的电容 C 有三个作用：①关断晶闸管，②与负载谐振于逆变器的工作频率，使输出电压为正弦波，③补偿负载的无功功率。

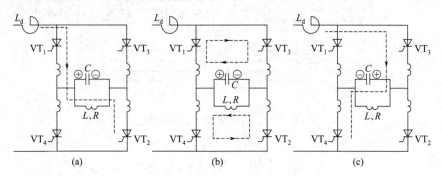

图 7-19 并联逆变器的工作原理

1. 逆变触发的自动频率控制

逆变电路如果以固定频率进行它激控制，负载变化引起负载回路谐振频率偏离逆变谐振工作频率，使负载阻抗、相角发生很大变化，使它激控制无法适应负载的激烈变化。所以，系统采用自激控制方式，使触发频率受负载回路的频率控制。为了保证可靠换流，换流点应在负载电压 u_d 过零前一段时间开始，才能保证电路的正常工作，这段时间称为触发引前时间，用 t_f 表示。对于工作频率在 1000 Hz 时，t_f 取 $100\sim150\mu s$ 为宜。

显然，负载电压 u_d 能反映负载端频率的变化，还需要另外一个比较信号，这个信号与 u_d 的交点应引前 u_d 过零点的时间为 t_f。注意到并联电容中的电流 i_c 与 u_d 的相角相差 90°。$-i_c$ 产生的电压信号在相位上滞后 u_d90°，并与 u_d 的交点在任意半周只有一个，正好作为换流点。只需调节 $-i_c$ 产生的电压信号的幅值，便可以方便地改变它与 u_d 的交点时刻，即调节 t_f 的大小，并且当 u_d 幅值变化或频率变化时，$-i_c$ 产生的电压信号的幅值也随之变化，保证 t_f＝常数，实现定时控制，其波形如图 7-20 所示。近似地认为 u_d 波形上换流点 A 的切线通过零点 B，这样 A、B、C 三点构成一个直角三角形，则有

$$\frac{u_d}{-\dfrac{du_d}{dt}}=t_f \tag{7-1}$$

而

$$i_c=C\,\frac{du_d}{dt}$$

即

$$\frac{du_d}{dt}=\frac{i_c}{C} \tag{7-2}$$

将式(7-1)、式(7-2) 合并、整理得

$$\left[u_d-\left(-\frac{t_f}{C}\right)i_c\right]_{t_1}=0 \tag{7-3}$$

设 u_s 为定时控制电压信号，数值为 u_d 与 $\left(-\dfrac{t_f}{C}\right)i_c$ 的差，当 u_s 过零时，就满足式 (7-3) 的时间，即 $t=t_1\left(\text{或 } t=t_1+n\dfrac{T}{2}，n \text{ 为任意正整数}\right)$ 的时候，在这个时刻，设法发出触发

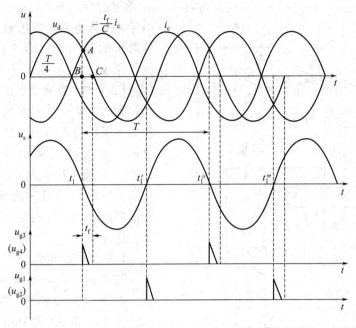

图 7-20　定时控制的信号波形

脉冲，使逆变桥路的对角晶闸管导通，这样就保证晶闸管在 u_d 过零前一个 t_f 时刻开始换流。

2. 信号检测电路

如图 7-21 所示为定时控制信号检测电路，从负载中经中频电压互感器 T_{V2} 检测出 u_d、经中频电流互感器检测出 $-i_c$，u_d、$-i_c$ 两个信号经过幅值调整后按式（7-3）合成为 u_s。调节电位器 RP_1 可以方便地调整 t_f 的大小，即 RP_1 增加，则 $-i_c$ 产生的电压信号也增加，与 u_d 的交点左移，使 t_f 变长，反之 t_f 缩短。

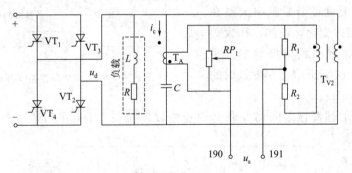

图 7-21　信号检测电路

3. 逆变脉冲形成电路

对于逆变脉冲形成电路要求 u_s 过零时，分别形成两组互差 180° 的正向脉冲，具体脉冲形成电路如图 7-22 所示。控制信号电压 u_s 加在脉冲形成电路的输入端，VZ_5、VZ_6 起正负限幅的作用，防止在满功率中频输出时，过大的合成信号使 VT_3、VT_4 损坏。VT_3、VT_4 始终工作在开关状态，当 u_s 正半周结束时，VT_3 从导通变为截止的瞬间，T_{P1} 的二次侧送出正尖脉冲到双稳态 VT_1 管的基极，使 VT_1 导通、VT_2 截止，所以双稳态翻转基本上在

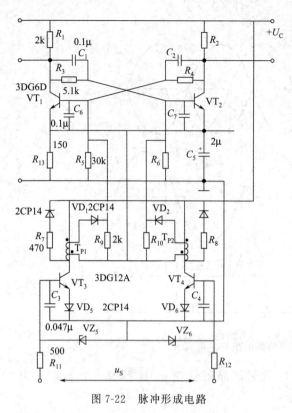

图 7-22　脉冲形成电路

u_s 信号过零时刻进行的。双稳态输出去控制脉冲放大电路，发出触发脉冲，使逆变器对角的晶闸管（图 7-19）触发实现换流，完成逆变。

（二）SIT 高频谐振逆变器加热电源

由静电感应晶体管 SIT 构成的高频谐振逆变器可组成用于金属熔炼的感应加热电源。本实例电路的工作频率可高于 100kHz，输出功率大于 12kW，效率可达 92%。图 7-23 为这种逆变器的原理框图。它由驱动电路、变换电路和负载电路三部分组成。

1. 高频变换电路

逆变器的高频变换电路如图 7-24 所示。它由 8 只 2SK183 型 SIT（$U_{GDO}=800V$，$I_D=60A$）器件组成电压反馈全桥型逆变电路，桥臂中的每一开关均由两只并联的 SIT 对组成，它们的最高漏源电压 U_{DS} 等于直流电源电压 U，在本电路中 U 定为 500V，尽量减小流过 SIT 的电流，

以便使 SIT 导通电阻造成的导通损耗减少，从而提高整机效率。

逆变器通过高频变压器将能量传送给谐振负载。负载电路中的漏电感可作为谐振电感的一部分，这样负载电路的接线易于处理。负载的谐振频率取决于被加热的金属数量和所需的熔炼温度，谐振频率大致在 85～100kHz 范围内变化，例如，在大约 1400℃下熔化 8kg 铁时的谐振频率近于 100kHz，而在 1400℃下熔化 5kg 铁时的谐振频率约为 90kHz。

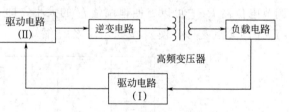

图 7-23　SIT 高频逆变器框图

在每对 SIT 的漏源极之间均并联有快速恢复二极管 VD，尽可能缩短反向恢复时间，

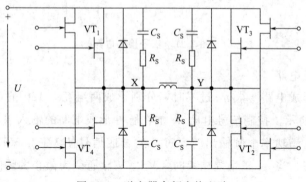

图 7-24　逆变器高频变换电路

从而提高电路的工作频率；在每对 SIT 的漏源极之间还并联有 R_S 和 C_S 组成的缓冲电路，以防止过电压的出现，从而限制 du/dt 的变化。SIT 还采用水冷方式以避免运行中器件过热。

2.驱动电路

驱动电路不仅要保证 SIT 的可靠开通与关断，而且要保证控制信号间正确的逻辑关系，防止出现桥臂直通故障。驱动信号分为 A，B 两组，分别接至逆变桥的 VT_1 和 VT_4 两组 SIT 栅极。为了保证同一桥臂元件的转换遵循先关后开的原则，则要求两组驱动信号之间不但相位相反，而且应保持必要的死区时间间隔。为此，驱动电路由两部分组成：驱动电路（Ⅰ）形成控制信号，两路反向驱动信号间的死区时间定为 $0.5\mu s$；驱动电路（Ⅱ）为功率放大电路直接驱动 SIT。

驱动电路（Ⅰ）如图 7-25 所示，其作用是形成具有死区时间的两路反相驱动信号。电路的工作以变压器 T_R 为界分为两部分，左侧框图部分的功能是利用移相锁相环产生与负载谐振频率同步的控制信号。由负载电路取出参考信号经移相电路处理后作为锁相环的同步信号，使锁相环输出脉冲与负载谐振频率相同步，然后经由三角波变换器将锁相环输出脉冲信号变为三角波。变压器 T_R 右侧电路的作用是形成具有死区时间的两路反向控制信号。上述与负载谐振频率同步的三角波，在变压器 T_R 的副边绕组形成相位相反的两路三角波，并提供给两个比较放大器。调整比较器同相输入端参考电压 $+U_d$ 的数值就可以得到两路死区时间相同但相位相反的方波控制信号，它们分别由 A 和 B 两端输出。

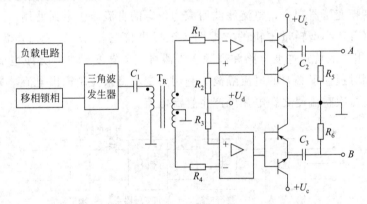

图 7-25 驱动电路（Ⅰ）

驱动电路（Ⅱ）如图 7-26 所示。它的任务是将驱动电路（Ⅰ）形成的控制信号放大，加至 SIT 的栅源端，并用来驱动 SIT。在逆变电路直流电源为 $500V$ 的条件下，用 $-40V$ 的负栅压 U_{GS} 足以可靠关断 SIT。实验证明，利用适当的正栅压，例如 $+5V$，可以降低 SIT 的导通电阻，所以驱动电路（Ⅱ）采用了双电源供电方式，U_S 为 $+5V$，$-U_D$ 为 $-40V$。

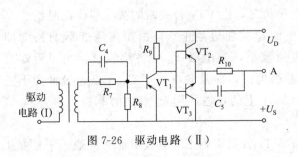

图 7-26 驱动电路（Ⅱ）

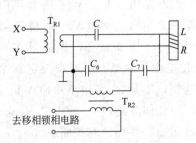

图 7-27 SIT 逆变器的负载电路

每只 SIT 器件的驱动功率约为 3.8W，相当于输出功率的 0.3%。

3. 负载电路

逆变器的负载电路如图 7-27 所示。图中输出变压器 T_{R1} 的初级绕组、次级绕组与感应工作线圈（包括铁块）以及补偿谐振电容 C 相串联，共同决定了负载电路的谐振频率。随着铁块温度的升高，电感量下降，谐振频率逐渐升高。

电容器 C 上的电压经 C_6 和 C_7 分压后，通过变压器 T_{R2} 送至锁相环电路，作为同步信号去调节驱动控制信号的频率。

对于用作金属熔化的感应炉，它的等效电阻很低，变压器 T_{R1} 次级绕组中必须通过一个大电流来提供足够的功率。为了减小铁心损失，应选用具有高频性能 Mn-Zn 铁氧体材料，并做成螺旋管形状。初级绕组选为 5 匝，次级绕组只绕 1 匝。电路中的其他元件参数分别是，C 为 $0.082\mu F$，C_6 为 $0.1\mu F$，C_7 为 $500\mu F$。

二、高频逆变式整流焊接电源

高频逆变式整流焊接电源是一种高性能、高效、省材的新型焊机电源，代表了当今焊机电源的发展方向。由于电力电子功率器件的商用化，这种电源更有着广阔的应用前景。

逆变焊机电源大都采用了交流-直流-交流-直流（AC-DC-AC-DC）变换的方法。50Hz 的交流电经全桥整流变成直流，再由全控型器件组成的逆变器将直流电逆变成 20kHz 的高频矩形波，经高频变压器耦合，整流滤波后成为稳定的直流，供电弧使用。

图 7-28 为 GTR 小型轻量焊机的方框图。该焊机将三相 380V 交流电源直接整流为直流，再由 GTR 组成的桥式逆变电路和高频变压器将直流转变成高频方波电流并使其降至所规定的电平，同时提供了必要的电流隔离。利用可变电感来控制输出电流，最后将这个低电压大电流的交流再次整流使之在电弧处产生直流电流。

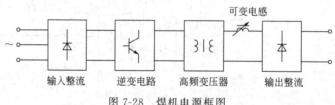

图 7-28　焊机电源框图

焊机电源的核心部分是一个自振高频变压逆变器，这个 250A 自由振荡桥式逆变器电路如图 7-29 所示。电路的振荡是利用高频变压器 T_R 的反馈绕组进行控制，可由关断状态开始讨论。假定初始状态为 VT_1、VT_2 饱和导通，相应地 VT_3、VT_4 为截止状态。电路的关断是由 VT_1、VT_2 两个 GTR 元件同时关断来实现。尽管两个 GTR 元件的特性不可能完全相同，例如 VT_1 可能先退出饱和状态，比 VT_2 管关断的快一些，此时虽然 VT_2 管仍然处于饱和状态，但通过 VT_2 的电流却被强迫截止。自由振荡逆变器的换向即由 GTR 退饱和的那一时刻来决定。由于电流减小，变压器 T_R 中各绕组感生出星号端为负的电势，于是 n_3 绕组不再向 VT_1 提供基极电流，而是向电容器 C_1 充电，极性为下正上负，与此同时绕组 n_4 使 VT_1 开通，并将 C_1 上的负电压引至 VT_1 的基极，对 VT_1 管进行负驱动，并加速其关断。

在 VT_1、VT_2 管关断的同时，VT_3、VT_4 管则得到正向基极电流而导通。于是变压器

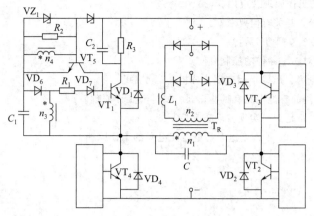

图 7-29　自激振荡桥式逆变器

主绕组 n_1 中电流反向。此后随着 VT_3、VT_4 管的退饱和，电路状态又开始变化，并周而复始不断进行，形成自由振荡。

在变压器 T_R 的磁芯未饱和的情况下，GTR 退饱和的时刻决定于负载电流的大小，改变限流电感值只能引起振荡频率的改变，输出电流基本保持恒定。当磁芯饱和时，频率基本恒定，改变限流电感值则可控制输出电流的大小。

在 GTR 关断期间，可以通过改变电容器 C 值的大小来限制 $\mathrm{d}u/\mathrm{d}t$，以使 GTR 的关断损耗保持在允许的低限之内。

电路的输出电流可在 $50 \sim 250\mathrm{A}$ 有效值范围内调节。由于限流电感是一个间隙大小可调的铁氧体磁芯电感，当电流超过正常工作值以至形成大短路电流时，磁芯饱和，于是可以避免电极与工件相当靠近时出现二者粘在一起的情况。

小　　结

开关电源技术是将交流电经过整流滤波后，再经 DC/DC 功率变换，输出高质量的稳压电源。DC/DC 变换的结构有多种结构，可以采用脉宽调制控制方式，也可以采用谐振控制方式。零电压、零电流谐振可以减小开关损耗，提高电源系统的稳定性。

UPS 电源主要由整流器、逆变器、充电器和转换开关等环节组成，当电网电压正常时，负载的电能主要来源于电网，同时对蓄电池进行充电；当电网电压不正常时，将蓄电池储存的直流电能经逆变器逆变为满足负载要求的交流电，供负载使用。常用的 UPS 电源有：在线式、后备式和在线互动式等几种，并向智能化方向发展。

加热电源是电力电子技术的一个典型的应用，其技术的核心同样是功率 DC/DC 变换技术。

思考题与习题

1. 脉宽调制型开关电源有哪几种电路形式？各有何特点？

2. 脉宽调制型与谐振型变换器有何区别？

3. 零电压与零电流谐振开关如何区别？各有何特点？

4. 举例说明 PWM 开关电源的应用。

5. 简述 UPS 电源的工作原理及应用。

6. UPS 电源中对静态开关有何要求？

7. 使用 UPS 电源应注意哪些问题？

8. 谐振式变换电路对功率器件的控制有何要求？

9. MC34066 的 9 端为欠压锁定调整端，分析其工作原理。

10. UPS 电源中常用的整流电路有哪些形式？简述其工作原理。

11. 简述中频逆变电路是如何实现自动频率控制的。

12. 简述 Santak UPS-1000 不间断电源蓄电池充电器的工作原理。

参 考 文 献

[1] 王英剑，常敏慧，何希才编著. 新型开关电源实用技术.北京：电子工业出版社，1999.

[2] 叶慧贞，杨兴洲编著.新颖开关稳压电源.北京：国防工业出版社，1999.

[3] 张燕宾编著，SPWM 变频调速应用技术.北京：机械工业出版社，1999.

[4] 三菱电机株式会社编，变频调速器使用手册.许振茂，赵曜，王俊岳译.北京：兵器工业出版社，1998.

[5] 韩安荣主编.通用变频器及应用.第二版.北京：机械工业出版社，2000.

[6] 莫正康主编.电力电子应用技术.第三版.北京：机械工业出版社，2000.

[7] 李序葆，赵永健编著.电力电子器件及其应用.北京：机械工业出版社，2000.

[8] 莫正康主编.半导体变流技术.北京：机械工业出版社，2000.

[9] 黄家善，王廷才编.电力电子技术.北京：机械工业出版社，2000.

[10] 石玉，栗书贤，王文郁编.电力电子技术题例与电路设计指导.北京：机械工业出版社，2000.

[11] 王兆安，黄俊主编.电力电子技术.北京：机械工业出版社，2000.

[12] 王兆安，张明勋主编.电力电子设备设计和应用手册.北京：机械工业出版社，2002.

[13] 张诗淋主编.电力电子技术及应用.北京：化学工业出版社，2013.